中國建築藝術全集編輯委員會 編

中國美術分類全集

中國建築藝術全集 20

宅第建築(一)(北方漢族)

《中國建築藝術全集》編輯委員會

凡例

一　《中國建築藝術全集》共二十四卷，按建築類別、年代和地區編排，力求全面展示中國古代建築藝術的成就。

二　本書為《中國建築藝術全集》第二〇卷『北方漢族』。

三　本卷編排順序為：按地區由北到南，詳盡展示了北方漢族宅第的重要文化價值和藝術價值。

四　卷首載有論文《北方漢族宅第建築》，概要論述了北方漢族宅第的發展歷程、主要類型及其藝術特色和多彩風貌。其後精選了彩色圖版二〇二幅。在最後的圖版説明中對每幅圖片均做了簡要的文字説明。

目錄

北方漢族宅第建築

侯幼彬　田　健

中國幅員遼闊，民族衆多，各地區、各民族宅第建築存在著顯著的差别。在地域上，宅第的南北劃分大體以秦嶺和淮河流域為界。北方漢族宅第主要分佈在黄河流域及其以北的廣大地區。從建築體系來看，漢族宅第除黄土地區的窰洞式住宅外，基本上都屬於木構架體系建築，除單體散佈外，都採取合院式的宅院佈局，這一點南北方是共同的。但在自然、人文的宏觀背景上，南北方卻有若干不同的制約因素：一是氣候因子。北方地區緯度高，大部份屬温帶，最北部深入亞寒帶；南方地區緯度低，屬温帶、亞熱帶，最南部深入熱帶。北方宅第重在防寒、保温，需要採暖，對日照要求嚴格；而南方宅第重在隔熱、防潮，需要遮陽、避雨、散熱、通風。二是地形地貌因子。北方大地平原佔很大比重，聚落選址多在平坦地段，佔地相對寬鬆，宅第多屬平原型構成；而南方地區山脈蜿蜒、水網交織，聚落分佈多依山傍水，村落、房舍常順形就勢，高低錯落。三是文化積澱因子。黄河中下游的中原地域，是華夏文化最重要的發祥地之一。這一帶是原始建築遺址最密集的地區。從殷周至隋唐，王朝都城始終在中原徘徊，歷史上是中國建築活動的先進地域，具有住居文化的深厚積澱。四是政治中心因子。從兩晉開始，中國經濟重心南移，文化中心也呈由北向南的轉移趨勢，宋以後南方地區的宅第建築總體水平已超過北方，但遼、金、元、明、清仍定都北京。以北京四合院為代表的官式宅第成為傳統住宅的定型範式，為北方宅第增添了重要份量。五是鄉土材料因子。南北方的地方性建築材料資源不同，自然帶來不同的鄉土特色。大面積的黄土高原還給北方帶來了窰洞式居住建築的獨特類型。

從這些背景因素，不難看出北方漢族宅第在中國宅第文化整體中佔據著重要的歷史地位，在中國建築藝術遺產中具有獨特的歷史價值。下面分别從發展歷程、主要類型和藝術特色三個切面展開分析。

圖一　袋形豎穴。河南偃師湯泉溝H六（楊鴻勛復原）

一　發展歷程

（一）原始時期

據古代文獻記載，中國原始居住建築明顯地呈現出兩種主要形態：穴居和巢居。

《禮記・禮運》：昔者先王未有宮室，冬則居營窟，夏則居橧巢。

《孟子・滕文公下》：當堯之時……下者為巢，上者為營窟。

《晏子春秋・諫下》：其不為橧巢者，以避風也；其不為窟穴者，以避濕也。

這表明，穴居用於地勢高亢的地段，適於冬天居住，存在著濕潤傷民的弊病；巢居用於地勢低窪的地段，適於夏天居住，存在著不利避風的缺陷。這兩種居住建築形態，構成了原始住居對於不同高低地段、不同乾濕土壤、不同冷暖氣候和冬夏不同季節的互補性適應。

『冬穴夏巢』的季節性住居方式，自然形成穴居與巢居在同一地區的並存局面。而對於不同氣候、不同地質、地貌的環境適應，又使穴居與巢居形成地區性的分化。我國北方分佈著大片黃土地帶，土層豐厚，易於挖掘，又能長期壁立不塌，加上氣候較為寒冷、乾燥，特別適宜於穴居方式，促使北方地區的原始居住建築形成由穴居逐步向地面建築演進的基本形態。

這個演進過程，早在距今五六千年的母系氏族公社的中、晚期已經完成。現已發現的穴居、半穴居和地面建築遺跡，以黃河中遊最為集中。據專家推測，穴居可能始於原始橫穴，以後過渡為袋狀豎穴（圖一），進而為半穴居，最後上昇為地面建築。在這種演進中，橫穴原型並沒有消失，後來演化為黃土地帶的窰洞。㈠原始橫穴和袋形豎穴目前發掘的數量不多，而半穴居和原始地面建築的房址則有大量遺跡。

半穴居的一般形態是：平面多為方形或長方形，少數為圓形。穴身凹入地下約一米左右，多設有帶踏步的入口門道。穴身和門道上部覆有頂蓋和雨篷。穴內設有火塘，頂尖部位留有排煙口，古文稱為『囱』。典型實例如西安半坡F二十一（圖二）。

地面建築的一般形態是：居住面上昇到地面，屋身和頂蓋從房址的復原推測來看，大體上有兩種構築方式：一種是早期的、牆體與頂蓋渾然一體的『穹廬式』，半坡F六是它的代表性實例，可以說是向地面建築的過渡型。另一種是後期的，牆身與頂蓋已明確分化，成為直立的牆體上架設傾斜的屋蓋，已達到原始地面建築的成型狀態。其平面多為方形、長方形、圓形的單間式，也有少數聯間和帶套間的多間式，反映出向父系氏族過渡的居住形態（圖三）。主要承重結構有木骨泥牆承重、木柱承重和加支柱的垛泥牆承重等。室內普遍設火塘或火臺。半坡F三、F二十五和大河村F一至四可分別視為單間式和多間式的代表性實例。

這些半穴居和地面建築，在規模上呈現大、中、小三型。小型的面積約十平方米左右，當是母系氏族成年婦女過對偶生活的住房。中型的面積約三四十平方米。大型的通稱『大房子』，有半穴居大房子，也有地面建築大房子，面積達八九十平方米以至一百五六十平方米。大、中型房子可能兼做氏族的聚會場所（圖四）。這些大小房址集聚成規模不等的聚落。已發掘的較大的仰韶文化聚落遺址有西安半坡、臨潼姜寨和鄭州大河村等。這些聚落一般包括中、小型住房、公用性大房子、牲畜欄、貯藏窖穴和公用墓地，已有明確的

圖二　半穴居的典型形態。陝西西安半坡F二十一（楊鴻勛復原）

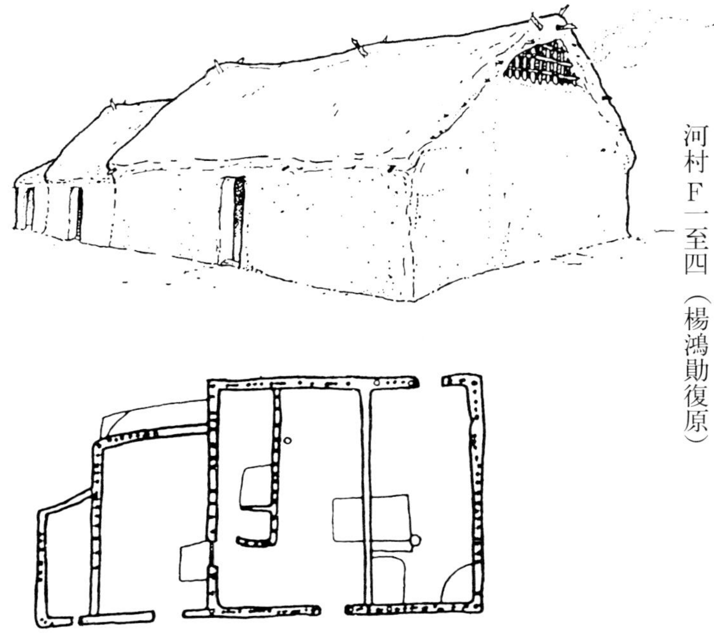

圖三　多間聯結的原始地面建築。河南鄭州大河村F一至四（楊鴻勛復原）

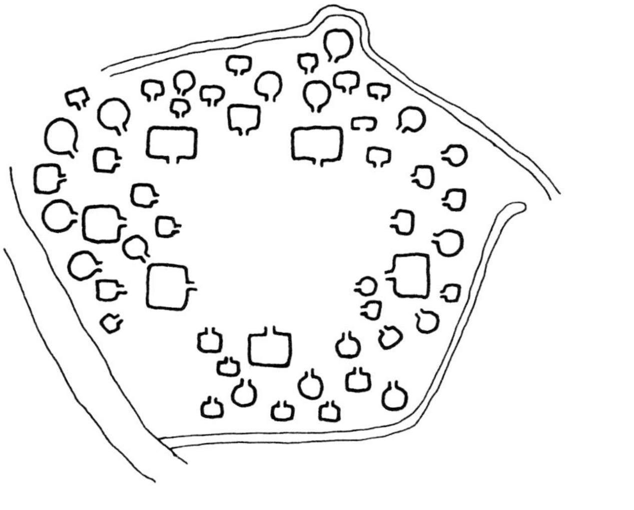

圖四　母系氏族聚落。陝西臨潼姜寨氏族村落遺址平面示意

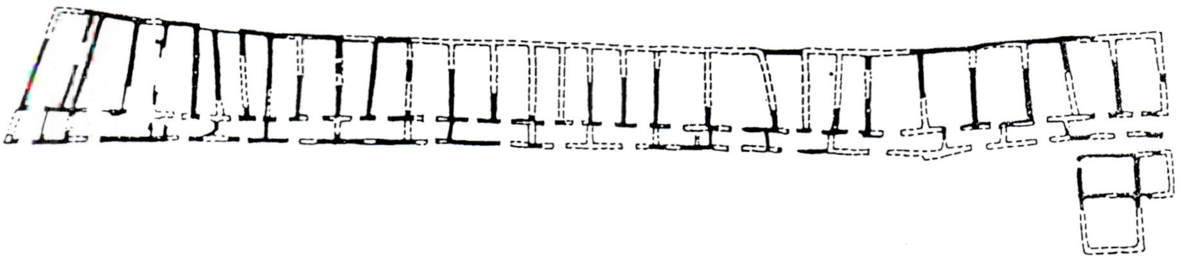

圖五 父系氏族的大型排房，河南淅川下王崗排房遺址平面

區劃，一般分為居住區、陶窰區和墓葬區三大部份。居住區的佈局以姜寨遺址表現得最為完整。這個遺址總面積約五萬多平方米，居住區近二萬平方米。居住區西南以臨河為天然屏障，其餘三面以人工壕溝環衛。區內有中心廣場，周圍分佈著一百多座房址，明顯地分為五群。每群由一座大房子和十餘座或二十餘座中小房組成，大小房的門都朝向中心廣場，形成明顯的向心構成。房屋附近分佈有儲藏用的地窖群和家畜圈欄，佈局井然有序。這個居住區反映的可能是若干氏族組成的一個胞族或一個較小的部落的聚居情況，為我們描繪出一幅母系氏族聚落的生動圖景。

到了距今四五千年的父系氏族社會，原始居住建築發生了一系列變化。一是一夫一妻制的家庭改變了對偶家庭的人口結構，房屋需要滿足夫婦及其子女共居的生活方式。這時期仍並存著半穴居和地面建築。半穴居的形式向呂字形的雙聯式轉化，單間地面建築也呈現二三座單體成組佈置的跡象，可能為一個人口較多的父系家庭所住。過渡期已出現的多間地面建築，進入父系氏族社會後數量明顯增多，並演化出大型排房式住屋。河南淅川下王崗遺址發掘的排房長達八十米（圖五），一列橫排二十九間，通過隔牆劃分為十七個單元。每個單元有的是單內間，有的是雙內間。每一單元可能是一個小家庭的住所。〔二〕整個長屋像一條父系血緣紐帶，將衆多的父系小家庭連接在一起。二是聚落佈局出現一些新景象。從湯陰白營、安陽後岡等龍山文化遺址來看，陶窰不像仰韶文化時期那樣分區集中，而是散佈在居住區內，挨近各家住房，可能是適應以父系家庭為單位的生產方式。許多父系家庭居住的半穴居中，普遍在室內設儲藏窖穴，意味著對家庭私有財富的守護。居住區的房屋分佈較前密集，已不見中心廣場的佈置，房址改變了向心的方位，而呈現較整齊的分行排列。三是建築技術有重要推進。雖然同時存在著半穴居，但地面建築的數量已佔多數。創始於母系氏族晚期的『白灰面』，已推廣使用。特別是河南永城王油坊、安陽後岡、湯陰白營等遺址都發現土坯牆體，陝西武功趙家來遺址還發現版築牆體，開創了築牆的新工藝，標誌著土木混合結構技術的重大進展。中原地區的這種進展歷程，代表了中國原始居住建築發展的基本脈絡。

值得注意的是，原始建築文化的先進發展水平並非衹限於黃河中游的中原地區，而是在我國北方的許多地區都有涌現。內蒙古興隆窪遺址發現有一百多座房基，沿同一方向排列，每排十座左右，共達十一排。〔三〕包頭阿善遺址發現有地面砌石牆的房址，有方形、長方形、橢圓形幾種平面，竈坑也用石塊圍砌。在居住區周圍，依地勢修築起錯縫的石圍牆，牆厚一至一點二米，局部殘高達一點七米，是迄今發現的最早石砌防禦性設施。〔四〕

山東日照東海峪遺址發現十二座房基，全部為方形土臺基房屋。房屋密集度很高，方位一致朝向西南。臺基、護坡和室內地基均係分層夯築。臺基的出現和夯土技術的運用，開創『茅茨土階』式的傳統土木混合結構的先河。〔五〕甘肅秦安大地灣遺址發現了一座罕見的大型房址。佔地面積達二百九十平方米，由居中的主室、兩旁的側室和後部的後室組成T字形平面，主室呈長方形，面積達一百三十一平方米。正面中部凸出門斗，室內有一個直徑達二百五十釐米的大竈臺和一對直徑約九十釐米的大圓柱，沿前後牆內側有十六根附壁柱。整座建築已顯現出前堂後室和左右兩廂的雛形。〔六〕這座房屋距今約五千年，浩繁的工程和龐大的尺度表明它不像是生活住房，可能是部落或部落聯盟的公共活動場所。它所展示的建築技術和空間組織狀況，意味著同時期的居住建築也已達到相當先進的水平。這些表明，不僅是黃河中遊，包括黃河上遊、下遊和東北地區都有相當先進的原始居住建築活動。

這些原始居住建築活動中，已閃現出建築裝飾的萌芽。姜寨遺址的門口瑾塗發現有用手指塑造和工具刻劃的花紋圖案。半坡遺址的建築表面處理，已具有光滑與粗糙的質感對比；房屋囪緣上已有疏密不同、形狀不同的坑點裝飾；遺址出土有浮雕或圓雕泥塑殘塊，有可能是建築上的飾物。河南龍山文化的一些房子，在白灰居住面的竈地外圍，有用顏色勾描的寬帶裝飾。山西襄汾陶寺遺址發現有帶幾何紋樣的白灰牆皮殘片。寧夏固原後河遺址房屋牆壁上更有紅色的幾何形壁畫。〔七〕這些星星點點的跡象，閃爍著中國先民美化住居的萌芽意識。

（二）商周時期

夏商之際，華夏民族邁入文明時代的門檻。甲骨文中已有許多涉及建築的象形文字，反映出居住建築及其局部構件的不同類別和不同形象。河南偃師二里頭早商宮殿遺址的發掘，為我們展示了初期大型宮殿的基本面貌。一號宮殿基址呈缺角方形庭院，東西寬一百零八米，南北長一百米。二號宮殿基址呈長方形庭院，東西寬五十八米，南北長七十三米。兩組庭院的大小不同，建築規模、形制也有明顯差別，但佈局和做法有很多共同點；都在庭院中心偏後部位設主體殿堂；都在南牆中部設大門；都在庭院四周設圍牆；除二號宮殿庭院北牆外，周邊圍牆均設單面廊廡或雙面復廊；都普遍墊土夯築，將整個庭院建造在低矮的大夯土臺上。二號宮殿因遺址北部有同時期的大墓存在，建築性質可能與一號宮殿不同。這兩組不同性質的建築，採用同樣的帶門、殿、廊廡的庭院佈局形式，表明這種形式對於大型建築已具有一定的普遍性，奠定了中國建築早期門堂分立的廊院式格局。

儘管大型宮殿從早商開始已達到這樣的規模和技術水平，而半穴居的住屋形態仍在繼續，仍然呈現半穴居與地面建築並存的局面。遼寧北票縣豐下遺址發掘出相當於中原早商時期的十八座房址，仍以半穴居為主，平面有圓形單間式、長方形單間式和方形雙間式。穴壁普遍採用土坯壘砌，運用『三七錯縫』的壓縫砌法，房址外圍另砌石牆防護。〔八〕山西夏縣東下馮商代遺址發掘的三十餘座房址中，除半穴居和地面建築外，還有圓形、橢圓形和方形帶穹廬頂的橫穴居址，並且在數量上佔多數。〔九〕

中小奴隸主的住屋情況，可以河北藁城臺西商代房址為代表。這裏發掘出一批土坯和夯土築造的房基，大部份為地面建築，平面多為長方形，間數不等，有單間、雙間和三聯間的。其中二號房基為長方形雙間式，正面朝東，中間由一道橫隔牆隔成南北兩室。北室無前牆，敞開正面，似為堂間。南室正面開一門，似為寢間。整座房屋除中間隔牆用草泥

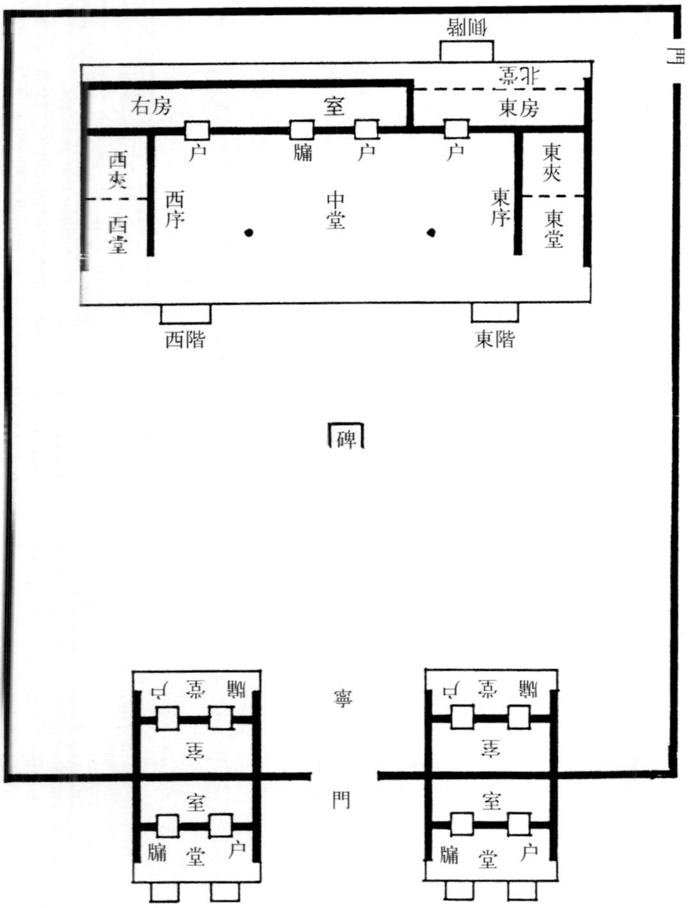

圖六　清代張惠言《儀禮圖》所列的士大夫門寢圖

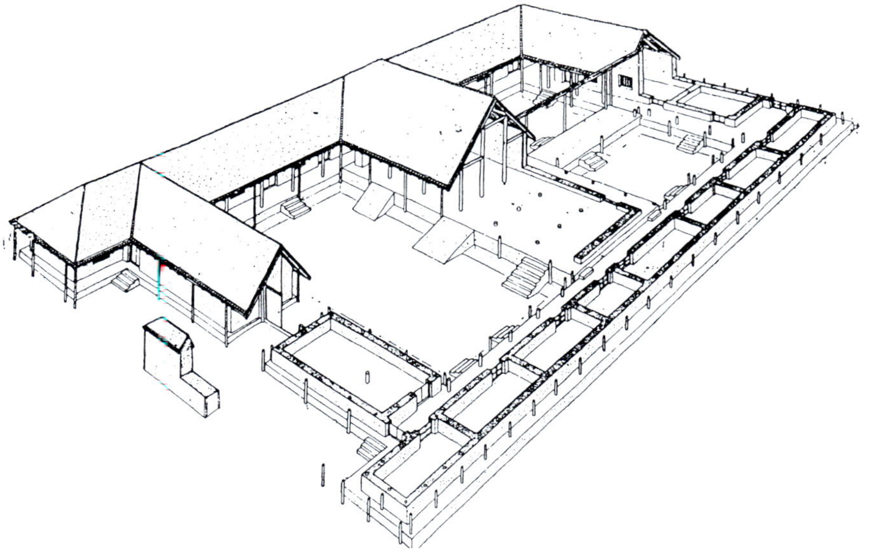

圖七　陝西岐山鳳雛村西周建築遺址已呈現兩進的合院形態(楊鴻勛復原)

垜成外，其餘各牆的下半部均為版築牆，上半部均為土坯牆。這座面積三十多平方米的房屋，在牆基、牆外、堂前、門檻等部位，埋有八具人骨和一批牛、羊、狗骨，當是房屋奠基或建成後祭祀的犧牲品。〔十〕

宋以來許多學者，根據《儀禮》所記載禮節，對春秋時代的士大夫住宅做了推測。我們從清代張惠言《儀禮圖》中所列的士大夫門寢圖，可以看出士大夫住宅的主體由門和堂組成。門在住宅前部，是一棟面闊三間的建築，中央明間為門，左右次間為塾。門內有院，院內有一座主建築（圖六）。它的中心部份為堂，是生活起居、接待賓客和舉行各種典禮的場所。堂前設東西兩階。迎送賓客時，客人走西階，主人走東階。堂的左右有東堂、西堂，也稱東西廂。堂的後部是作為寢臥的室。這幾種不同功能的住居空間都包括於一幢房屋之內。當然，這只是當時士大夫住宅中的主要部份，並非它的全部。劉敦楨曾指出：『厨、厠、倉、圈、奴婢之室皆生活所需，勢所必具，祇是因為無關婚喪諸禮，所以《儀禮》十七篇没有言及，後儒繹經為圖也就没有涉及。』〔十一〕這個主體部份的門寢構成如果和偃師二里頭遺址的宮殿庭院相比較，不難看出兩者之間具有佈局上的『同構』現象。

這種士大夫門寢規制的典型遺存至今尚未發現，但是在陝西扶風、岐山兩縣交界地帶的周原發掘的兩組西周建築遺址，為同時期的大型宅院提供了許多極有價值的信息。

其一是岐山鳳雛甲組遺址，這裏發掘出一組西周早期完整的日字型平面的兩進院（圖七）。據有關專家的復原研究，它有許多值得注意的特點：一是採取南北中軸的對稱佈局。偃師二里頭一號、二號宮殿遺址，已具南北軸線，但大門與主體殿堂的軸線錯位平行，佈局不甚嚴格。這個遺址是目前所知最早的一個嚴格對稱佈局的高體制建築群實例。二是突破廊院式的格局，變兩側廊廡為東西廂房，形成完整的四合院，揭示了四合院佈局形式的久遠歷史。三是形成前後分立的前堂後室，前院呈現門、堂與東西廂的四合構成，後院呈現堂、室與『四旁』、『兩夾』的四合構成。四是清晰地顯示了穿堂式的完整門塾，有居中的門道——隧，有門道兩側的東塾、西塾，有門前設立的影壁——樹或屏，表明後來宅第大門設影壁的做法，早在西周初期已經出現。不過在西周時期，它是一種禮制設置，祇有天子、諸侯或采邑領主的宮廷、宅邸、宗廟纔可以應用。據專家分析，這組建築大門設『樹』，當非一般奴隸主所有，應屬於王室、諸侯或采邑領主的。這一帶歷來出土的銅器還没有屬於周天子的，這組建築當非周王宮廷，究竟是采邑領主之類的宗廟還是生活起居的邸宅，現在還難確定。〔十二〕

其二是扶風召陳遺址。這裏發掘了西周中期的十二座建築基址，是一很大組群的殘存局部。這些建築大部份都取南北向方位，但前後左右軸線沒有對位，總體規劃不甚嚴謹，沒有形成前例那樣的四合院，組群總體佈局關係尚難判明。其中F三、F五、F八的面積都相當大，基址柱位清楚。這三座的柱位分佈都是東西兩端一致，中間另有格局，顯現出中心與兩端存在著不同的空間劃分。F三、F八臺基上各有東，西兩堵版築的橫隔牆遺址，可以推測為東序、西序兩牆，因而這兩座建築都可明確地劃分出中堂和東堂、西堂。召陳遺址伴出較多陶製炊、餐器具，表明建築似乎是生活住所。這一帶歷來所出窖藏銅器也不是周王宮廷之物，這組建築估計非周王宮廷。業主身份可能與鳳雛甲組相似。

儘管這兩組西周建築遺址不能斷定為居住建築，而可能是宗廟建築，但是，『宗廟根本是仿照生人所居整套房屋建立的』〔十三〕，它們具有明顯的『同構』關係，因此，這兩組建築遺址在一定程度上可以折射出西周大型邸宅的規模和佈局形式，它們的規模和構成都超出後儒所推想的士大夫門寢模式。

從夏商到春秋戰國，高體制居住建築在營造技術上有重大的推進，其中最為突出的就是『瓦屋』的出現和發展。鳳雛甲組遺址發掘有少量屋瓦，因數量過少，推測只是在屋脊、天溝等局部用瓦。召陳遺址有西周中期大量屋瓦出土，出現不同規格的筒瓦，晚期還出現帶花紋的小型筒瓦，並有素面及帶圖案的半瓦當。表明召陳中期的屋頂已全面鋪瓦。晚期建築不僅屋脊用筒瓦，而且將筒瓦與板瓦合用於屋面，並在檐部以瓦當結束，已奠定瓦屋面的完整形態。當然，這種全瓦屋蓋的建築在當時是十分稀罕的，居住建築中衹有少數高體制的宅邸纔用得上。

（三）兩漢時期

《初學記》引《魏王奏事》：

出不由里，門面大道者曰第；列侯食邑不滿萬户，不得稱第；其舍在裏中，皆不稱第。〔十四〕

說明漢代的住宅已有不同等第的名稱，除了帝王住處稱為『宮』，臣民不得僭用外，還嚴格區分『第』和『舍』，衹有列侯公卿萬户以上，門當大道者纔能稱第，不滿萬户，出入里門者都衹能曰舍。

第的構成和佈局情況，據劉敦楨考據兩漢典籍，得出結論是『兩漢堂室猶存周制』。他列舉漢代宅第與禮經吻合的許多共同點：

大第皆具前、後堂，又有正門、中門可通車，疑導源於周制。門有屋曰廡，可留賓客，即禮經夾門之塾。門内有庭，次為堂，堂下周屋曰廊，周庭而設，設堂廡，若今庭院之狀。

堂之制特高，有東、西階，賓升自西階，如周之阼階、賓階……堂有户，不見於儀禮，堂内或有承塵，或無。其兩側有東西廂，又有室，室有東户、西牖，悉與禮經合。……

前堂之後，有垣區隔内外，其門曰閤，亦曰中閤。……閤内為後堂，寢居燕見之所也。〔十五〕

這説明，從春秋到兩漢，大型宅第的門寢規制，作為禮的規範，基本上因襲沿用，形成相當穩定的宅第構成模式。其主體部份包括大門、前堂、後堂、前庭、後庭，並有牆垣廊廡環繞。這種縱深多進的廊院式佈局影響深遠，一直到唐代仍是中國古代大型宅第佈局的主流形式。

漢代的平民宅舍，則是所謂『一堂二内』的三開間長方形平面。這種『一堂二内』，很適合於五口之家的平民居住，屋前有衡門，屋周有牆籬圍合。與士大夫的門寢佈局存在著『同構』現象。正如劉敦楨所説：

西漢初期居舍配列之狀，謂為禮經士大夫堂室之縮圖，或非過辭。〔十六〕

這種民舍構成模式的影響也極深遠，一直是中國古代鄉村農舍的主流形式。

從文獻記述可知漢住宅的貧富差別極為懸殊。《鹽鐵論》説：

夫高堂邃宇、廣廈洞房者，不知摶屋狹廬、上漏下濕之瘤也。〔十七〕

漢代貧民住所實際上是比『一堂二内』更陋一等的上漏下濕的白屋、摶屋、狹廬，土圜之類。而貴族豪富的第宅則常常溢於制度，形成『併兼列宅，隔絶閭巷』的局面。《西京雜記》記述董賢府第説：

哀帝為董賢起大第於北闕下，重五殿，洞六門，柱壁皆畫雲氣花葩、山靈水怪，或衣以綈錦，或飾以佥三。㝢門三重署曰：南中門、南上門、㝢更門。東西各三門，隨方面題署亦如之。樓閣臺榭，轉相連注，山池玩好，窮盡雕麗。

《後漢書·梁冀列傳》提到後漢跋扈將軍梁冀與其夫人孫壽對街競宅的情況：

冀乃大起第舍，而壽亦對街為宅，殫極土木，互相誇競。堂寢皆有陰陽奥室，連房洞户。柱壁雕鏤加以銅漆，窗牖皆有綺疎青瑣，圖以雲氣仙靈。臺閣週通，更相隔

圖八　東漢時期的塢堡形象。甘肅武威雷臺出土的帶有多層望樓的塢堡明器

圖九　河南鄭州南關發掘的漢墓空心磚，刻有滿佈花木的宅院

望。飛梁石蹬陵跨水道，金玉珠璣，異方珍怪，充種藏室，遠致汗血名馬。又廣開園圃，採土築山，十里九阪，以象二崤，深林絶澗有若自然，奇禽馴獸飛走其間……

富豪袁廣漢在茂陵北山下也建有大型花園宅第：

茂陵富民袁廣漢藏鏹鉅萬，家僮八九百人，於北山下築園，東西四里，南北五里，激流水注其中，構石為山，高十餘丈，連延數里，養白鸚鵡、紫鴛鴦、犛牛、青兕、奇獸珍禽，委積其間，積沙為洲嶼，激水為波濤，致江鷗海鶴，孕雛産鷇，延漫林池，奇樹異草，靡不培植。屋皆徘徊連屬，重閣修廊，行之移晷，不能偏也。〔十八〕

由此可見漢代大型宅第已達到何等規模，樓閣連屬，柱壁雕鏤，窮極雕麗。而且私家造園採土構石為山，連延數里，規模之鉅也是很驚人的。

漢代大中型第宅的具體形象，我們從漢明器、壁畫、畫像石、畫像磚上可以略窺一二。

一九八一年河南淮陽西漢墓出土的一件彩繪陶院明器，是目前發現的時代較早，組合較完整的一件住宅組群模型。整個陶院為三進院落。前院較小，有養馬的馬厩，中院較大，是為主院。主院門樓和兩側角樓，形成一排連閣望樓。院內主屋是一座二層帶四阿頂的樓閣。下層較高大，內有禮器和一組樂俑，大約是主人接待賓客和祭祀的場所，上層較低矮，大約是主人居住的臥室。後院較小，有傭人住房、厨房、厠所、豬圈等。這座庭院右側還有院牆圍出側院，內有土地、水井，當屬宅旁田園。這座陶院落形象地反映了西漢時期地主莊園的建築面貌。〔十九〕甘肅武威雷臺也出土一具規模較大的塢堡明器（圖八）。平面為方形，周圍環以高牆，四角各建一座兩層角樓，角樓之間有閣道相通，院內套院，中央矗立五層塔樓一座。東漢時期豪強盛行結塢自保，這座明器正是東漢地主豪強莊園採用多層塔式望樓的塢堡形象。

一九五九年在鄭州南關發掘的漢墓空心磚上刻有前後兩院的住宅形象。寬敞的前院繞以圍牆，右側建門闕，面臨大道。來訪賓客的車馬絡繹於途，而停蹕於前院二進門外。二進門頗宏壯，上覆重檐四阿頂。後院內建主屋，為居住部份（圖九）。前後院都盛植花木。王莽時曾下令：『宅不樹藝者為不毛，出三夫之布。』這幅圖象可以看出漢代宅院重視綠化的生動景象。

河北安平縣逯家莊發掘一座東漢晚期的墓，墓室內壁繪有彩色壁畫，畫中有一座大型宅院，是迄今所見規模最大的漢代住宅圖象資料，為我們認識漢代大宅第的具體形象，提供了極珍貴的信息（圖一〇）。

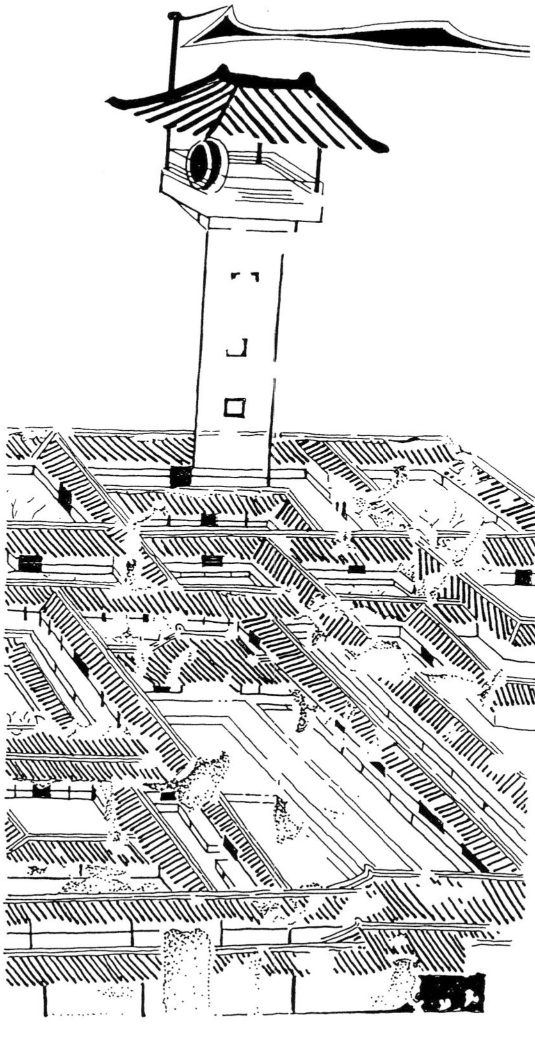

圖一〇 河北安平逯家莊東漢墓墓室壁畫，畫面顯示出一組二十幾個院落的大型宅院

這組宅院至少有二十幾個院落。中心部份由前院、主院和後院組成明顯的主軸線，通過大門、二門進入主院。主院呈縱長方形，尺度宏大，正面是一座朝南開敞的堂，當是待客或宴飲之所，東西兩側建廡，堂後為一橫向後院，可能是主人居所。主院兩側設有窄長的火道。全宅以主軸三進院為核心，向左右及後部佈置了一系列不同形狀、大小的附屬院落。這些院落根據不同功能組合得相當靈活，形成總體佈局大致平衡而不絕對對稱的格局。有的庭院種植樹木，安設亭臺，很像是宅內的小園。宅後左方有一座五層高的望樓，望樓為磚砌的四層筒樓上建四面出挑的哨亭。哨亭上覆四阿頂，亭上高懸旗幟，亭內設鼓，當為打更報警之用。

這座大宅院為文獻記述的漢代大宅提供了生動的圖象旁証，形象地展示了漢代住宅所達到的宏大規模和技術水平。

圖一一　敦煌莫高窟晚唐第八十五窟壁畫，呈現兩進廊院旁帶廊院的住宅

（四）唐宋時期

唐宋時期尚無住宅實物遺留下來，但有一些典章、律令、詩文、傳記涉及宅第的記述，並有敦煌壁畫和傳世卷軸畫提供形象資料。我們通過這些可以大體上了解當時宅第的粗略概況，有以下幾點值得注意：

嚴密等級制度

為規範『上下有義，貴賤有分，長幼有等，貧富有度』的禮制秩序，從漢代以來，朝廷都以律令的形式，頒佈營繕制度。唐宋時期這種營繕制度已很嚴密。『凡宮室之制，自天子至於庶士各有等差。』〔二〇〕唐《營繕令》規定：

王公以下舍屋不得施重栱藻井。三品以上堂舍不得過五間九架，廳廈兩頭。門屋不得過三間五架。五品以上堂舍不得過五間七架，廳廈兩頭。門屋不得過三間兩架，仍通作烏頭大門。勛官各依本品。六品七品以下堂舍不得過三間五架，門屋不得過一間兩架。非常參官不得造軸心舍及施懸魚、對鳳、瓦獸、通栿、乳梁裝飾，……其士庶公私宅第皆不得造樓閣，臨視人家。……又庶人所造堂舍，不得過三間四架，門屋一間兩架，仍不得輒施裝飾。〔二一〕

從這個不完全的《營繕令》可以看出：宅第規制重在控制主體堂舍和門屋。堂是住宅的核心，是接待賓客，舉行各種典禮的場所，門屋則是全宅的門面所在，這兩部份均涉及禮儀的重點，因而禮的制約主要落在門與堂的形制上。等差標誌則主要控制堂舍、門屋的間架數量、屋頂形式以及對烏頭大門的形式限制，臨視人家的樓閣限制，重栱藻井的構件限制，懸魚瓦獸等的裝飾限制。這樣我們不難了解，唐代五品以上高官顯貴，是五開間、廈兩頭（歇山頂）的廳堂和三開間的門屋，許用烏頭門。六品以下直到庶民，是三開間、不廈兩頭（懸山頂）的堂舍，單開間的門屋，不許用烏頭門。宋代繼續這種規定：

六品以上宅舍，許用烏頭門。父祖舍宅有者，子孫許仍之。凡民庶家，不得施重栱、藻井及五色文彩為飾，仍不得四鋪飛檐。庶人舍屋，許五架，門一間兩廈而已。〔二二〕

宋代還由將作監編修《營造法式》，建築等級制度進一步通過營繕法令和建築法式相輔實施，營繕法令規定宅第的等級形制，建築法令規定具體的工程做法，宅第等級限制達到相當周密的程度。這種限制是很嚴格的，《唐律》規定建舍違令者杖一百，並強迫拆改。如逾制摹仿宮殿，更會招殺身之禍。但在朝政混亂時，逾制的事也時有發生。值得注意的是，等級規定雖然對堂舍、門屋的形制卡得很緊，而對於建多少堂舍、多少院落，

圖一二　北魏寧懋石室壁面雕刻，正房側面已有廂房

圖一三　展子虔《游春圖》顯示的合院式佈局

在數量上卻未加控制。這樣網開一面，給宅第的總體規模提供了較大的伸縮餘地。

趨向合院佈局

廊廡環繞的廊院式宅第佈局，在唐代還在繼續，但是已交叉出現在庭院東西兩側佈置東西廂的三合院、四合院形式。

敦煌莫高窟唐代壁畫中的院落住宅畫面，有好多幅都是呈現廊院式的形態，其中晚唐第八十五窟的院落住宅表現得最為完整（圖一一）。這組宅院為前後院。前院橫扁，主院方闊，四周由廊廡環繞。前廊、中廊正中分設大門、中門。大門為兩層，中門為一層。後院正中建兩層高的主屋。居中的大門、二門與主屋形成了主軸線，構成主軸院落左右對稱的規整格局。在主軸院落的右側，附建有厩院。厩院由版築牆圍合，並由一道帶券洞門的版築牆將厩院隔成前後兩院。厩院後部畜馬，前部可能住奴僕，入口用木板大門，作烏頭大門。〔一二三〕這幅畫面相當真切地反映了盛行畜馬的唐代官僚地主的宅院佈局，這裏的庭院還是廊院式。雖然這種廊廡不一定只當走廊使用，可能也作為房間居住，但還沒有呈現東西廂房的格局。說明直到晚唐，廊院式住宅仍在繼續。

而北魏寧懋石室壁面雕刻著帶廂房的宅院（圖一二），表明合院式住宅至遲在六世紀初已經出現。山西長治王休泰墓出土的宅第明器和展子虔遊春圖所表現的住宅，也都是帶廂房的三合院、四合院格局。王墓宅第明器呈三進院，前院有門、堂、照壁和東西廂，中院有後室和朝南方位的東西廂，後院另有後房。王墓年代為唐大歷六年（公元七七一年），是明確地顯示盛唐期不很完整的合院佈局的珍貴史料。展子虔遊春圖清晰地表現了鄉村宅舍不用迴廊而以房屋圍繞的景象，有平面狹長的四合院，有木籬茅屋瓦屋混構的簡單三合院，佈局都很緊湊（圖一三）。據傅熹年考証，這幅名畫應是北宋的復製品，它的底本在晚唐時就已存在，畫中的服飾和建築反映出晚唐到北宋的特點。〔一二四〕這些史料表明，從盛唐到晚唐，宅舍的合院式已在推行，呈現著廊院式與合院式交叉過渡的狀態。

到北宋時期，合院式宅舍已十分普遍。從《清明上河圖》可以看到，城內稍大的住宅顯現的是外建門屋、內帶廂房的四合院格局。宋畫《文姬歸漢圖》上的住宅表現得更為清晰（圖一四）。這組大宅是三間五架帶懸山頂的大門，三間七架帶懸山頂的中門，前院東西兩側均有面闊三間的廂房，中院也露出西廂的一角。這個宅院所展示的院落、大門、二門、廂房、照壁、臺基、院牆、屋頂以及門屋的『斷砌造』做法和懸山的脊獸、走獸、懸魚等裝飾，都已與明清宅第差別不大。北宋王希孟《千里江山圖》上畫了許多山野村莊的宅屋，其中不少宅院都是帶東西廂的。說明東西廂在宋代鄉村也已盛行。由於廂房的運

圖一四　宋畫《文姬歸漢圖》顯示的四合院格局

用較之迴廊更為經濟實惠，很有可能是先從庶民宅舍興起而後延及顯貴大第的。

《千里江山圖》中的住宅，還出現了大量由前廳、穿廊和後寢組構的工字屋。其它宋畫如李成《茂林遠岫》、高克明《雪意圖》、趙伯駒《江山秋色》等也都表現了用於住宅或園林中的工字屋。前面引述的唐《營繕令》中提到『非常參官不得造軸心舍』，據清代陳元龍在《格致鏡原》中闡釋，軸心舍即是穿廊。如此説成立，則唐代大住宅也已用工字屋，並已賦予一定的等級意義。到宋、金則大為盛行。這也可以説是唐宋期住宅格局的另一特點。

唐宋之間，城市住宅總體佈局上還有一項重大的變化。從漢到唐，都城宅第均為坊里佈局。坊里設有坊牆、坊門，早晚按時關閉。唐制非三品官以上的宅舍都封閉在坊里之內，必須由坊門出入。只有三品以上的高官顯貴的府第才能門當大道，出不由里。從後周開始，『定街巷、軍營、倉場諸司公廨院務了，即任百姓營造』(一五)，隨著北宋東京集中式、封閉式的『市』的淘汰和以『行市』為中心的街市的形成，宅第的里坊佈局演變為街巷佈局，住宅可以沿街佈置，奠定了封建社會後期城市住宅佈局的基本格式。

盛行山莊、宅園

承繼魏晉以來崇尚山水自然美的趣向，在封建社會鼎盛期的唐代公卿貴戚和名士文人都紛紛建造宅園、庭園和山莊、別墅，形成一股宅第與林木山水相互滲透的熱潮，尤以長安、洛陽兩地最為集中。宋李格非在《洛陽名園記》中論曰：『方唐貞觀、開元之間，公卿貴戚開館列第於東都者，號千有餘邸。』這些大宅都佈列『池塘竹樹』、『高亭大榭』，營造私園之風盛極一時。唐代宅與園的結合，大體上有三種情況：

一是以山居形式將宅屋融入自然山水。如王維的輞川別業、李德裕的平原莊、元載的城南別墅、白居易的廬山草堂等。這些別業、山莊、草堂大多選址郊野、山麓，有良好的山水林木景勝。如輞川別業，位於長安東南藍田的山谷中，『地奇勝，有華子崗、欹湖、竹裏館、柳浪、茱萸沜、辛夷塢』，著意於突出天然環境之美。平原莊位於洛陽城南三十里，『周圍十餘里，臺榭百餘所』，莊園規模很大，尤以大量集中各地奇花異草、珍松怪石，蔚為奇觀。白居易的廬山草堂選址於廬山北麓遺愛寺之南，面峰腋寺築造一座『三間兩柱、二室四墉』的房舍，『木，斫而已，不加丹；牆，圬而已，不加白；墄階用石，冪窗用紙，竹簾紵幃』，完全是山野村舍風貌。草堂的環境極佳，堂前有平臺，臺南有方池，環池有山竹野卉，周圍有石澗、古松、老杉、灌叢、飛泉、瀑布，充分表現出文人雅士對於山居環境樸野、幽寂生活的追求。

圖一五　五代畫《韓熙載夜宴圖》所示的垂足坐方式和高型家具

二是將山石、園池、竹木融入宅第，構成人工山水的宅園。這類大宅多在城內，形成前堂後室，後置花園的基本格局。或因地形制約，將花園設於堂室之側。唐代的園宅如同唐代的坊里尺度一樣，一般規模都比較大。如丞相牛僧孺在洛陽歸仁坊的宅園，『園盡此一坊，廣輪皆里餘』。白居易自稱為小園的洛陽履道坊宅園，宅與園的面積也達十七畝。其中，宅佔三分之一，水佔五分之一，竹佔九分之一。這個宅園『有堂有廊，有亭有橋，有船有書』〔二六〕以山竹稱勝，情趣高雅，可以說是唐代文士中小型宅園的範例。

三是在院庭內部點綴竹木山池，構成帶園林氣息的小庭院。在盛行大尺度宅園的同時，限於財力的造園主，不得不轉向小宅園的營造，逐步形成宅園小型化的趨勢，衍化出對景物近觀、細品的喜好，促成了宅第小庭園的發展。住宅庭院內常常鑿池堆山、蒔花栽竹，構成山池院、水院、竹院等等。杜牧《盆池》詩：『鑿破蒼苔地，偷他一片天。白雲生鏡裏，明月落階前』，生動地點示出這種小庭園的景觀意蘊。白居易說自己從小到老，所居住處，不論是白屋、朱門，『雖一日二日，輒覆簣土為臺，聚拳石為山，環斗水為池，其喜山水病癖如此』。〔二七〕可見當時文人雅士對宅第庭園的熱衷。我們從西安郊外出土的唐三彩住宅明器上，可以看到後院佈置假山、小池和八角小亭的形象，正是這種小庭園的真實寫照。這種趨勢宋代繼續延承，宅園和庭園細緻精巧的風格更趨成熟。

完成家具轉型

中國古代經歷過從席地坐到垂足坐的演變，相應地導致室內家具由低型向高型發展，並引起宅第家具佈局和室內格局的轉化。秦漢時期，古人的坐姿均為平坐，有跪坐、跽坐、張膝坐、蹲踞坐等式。隨著佛教的傳入，又增添了一種盤足坐，仍屬於平坐。平坐不外乎是席地而坐，或是平坐於床榻上，與之相對應的家具，如床、榻、几、案、圍屏等，都比較低矮，屬於低型家具。從東漢末年開始，出現了垂足坐方式，當時稱這種坐式為『踞』。到唐代，雖然席地坐的習俗仍廣泛存在，而垂足坐已流行於上層階級並轉向全社會普及。我們從敦煌壁畫、唐畫《紈扇仕女圖》和五代畫《韓熙載夜宴圖》等畫面上可以看出方桌、長桌、靠背椅、扶手椅、圈椅、方凳、長凳、腰鼓凳等一整套適應垂足坐的高型家具（圖一五）。到兩宋時期，這種高型家具已在民間普遍推行。宋畫《清明上河圖》上清楚地展示出汴梁城內外的酒樓、店鋪以至於茅頂小飲食店都一概採用長凳、方桌等高型家具（圖一六）。從東漢末年開始醞釀的垂足坐方式，歷時近千年，終於在兩宋時期全面普及，完成了家具從低型向高型的轉型。家具尺度的增高，一定程度上影響了居室高度的增加。家具的佈局，一般廳堂採取的對稱佈置和書房、臥室採取的不對稱佈置，直接

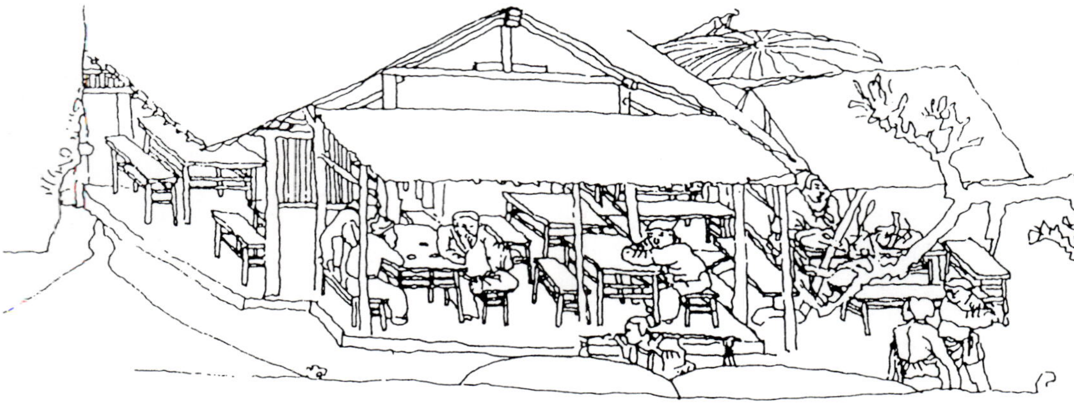

圖一六　宋畫《清明上河圖》所示的飲食店，表明高型家具已在民間普及

關係到住宅的室內格局。家具的結構和造型，從隋唐時期沿用的箱形壺門結構，到宋代轉化為梁柱式的框架結構，也在一定程度上改變了住宅室內的風貌。加上宋代小木作趨向精細、秀麗，門窗櫺條組合趨向豐富、靈巧，這些都為封建社會後期的住宅室內風貌奠定了基本格調。

(五) 明清時期

明代有少數住宅建築實物遺存，清代遺存的住宅實物更多，我們通過住宅實物可以詳細了解明清宅第的基本類型和具體做法，這將在『主要類型』一節中詳述。這裏僅就明清宅第的活動情況，概述四點：

人口激增，導致宅第呈現多項演變

中國古代人口在宋以前，一直未突破一億，到明代盛期的十七世紀初，上升到一點六億。清初回落至零點九億。而到一七四〇年快速上升至二億，一八二〇年猛增至四億。人口的激增必然給宅第活動帶來直接的影響。一是宅第分佈起了變化，河北、河南、山東、山西等地貧苦漢人，流入東北墾荒，加速了滿漢民族之間的居住習俗交流。我們從滿族發源地吉林現存的民居所呈現的木構架建築做法及其合院式大院佈局，可以看出滿族普遍接受四合院住宅形制的生動景象。分佈在東北各地的『堿土平房』，其做法與華北堿土民居如出一轍，明確地反映出它從河北，經遼西進而蔓延東北的承續脈絡。內蒙古呼和浩特舊城出現的相當規範的四合院住宅，也同樣展示了漢蒙住俗的融匯。這些都顯現出在清代大一統的多民族帝國版圖上，民族之間、地區之間宅第文化的交流與滲透。二是隨人口的激增，經濟的、省工省料的窰洞民居在黃土高原地區得到迅速擴展，橫穴的住居方式雖然有久遠的歷史，但直到明末用作居住的窰洞仍不普遍，除長城近邊一帶常住土窰外，河北、山西、陝西等地的窰洞多數還只用作儲藏糧食的倉庫。到清初，窰洞住房開始盛行於山西，到清末則已遍及晉中南、豫西、陝北、冀北、隴東等地，成為黃土高原地區的一種最流行的居住方式。三是隨著人口增加引起住宅用地的矛盾，呈現出住宅建築密度增高的趨勢。如晉中地區的清代民居，正房多改為兩層，後罩房甚至高達三層；晉東南晉城一帶常採用四面均為兩層樓房的四合院，個別住房還達到三層。北京也出現緊縮佔地的現象，早期的北京四合院圍繞主院四周常設一周更道，更道之外纔圍以院牆，房宅佔地較寬。中、後期的北京四合院則取消了更道，直接以東西廂房的後牆作為院牆。有的四合院還進一步縮小院庭，減小廂房進深，將廂房改用『拍子式』的平屋頂，這些都明顯地節省了住宅用地。

宗祠遍立，進一步強化聚族而居的傳統

周代規定天子七廟、諸侯五廟、大夫三廟、士一廟，而庶人無廟，祇能在自己的居室中祭祀祖先。從元代開始，出現以宗族為單位建立的宗祠，打破了庶人無廟的限制。明世宗採納大學士夏言的建議，正式允許民間皆得聯宗立廟，從此形成城鄉各地宗祠遍立的局面。清代採取強化宗族共同體的政策，雍正皇帝號召宗族：『立家廟以薦丞嘗，設家塾以課子弟，置義田以贍貧乏，修族譜以聯疏遠』〔二八〕把興建宗祠與設立族塾，添置族產，纂修族牒一起列為維持、強化宗族的四大要務，進一步推動了祠堂建築的普遍化，強化了聚族而居的傳統。

一般村莊的族居，每族設一祠堂，族大者則多至四五處，分立總祠、支祠。明《魯班經》載：

> 凡做祠堂謂之家廟，前三門，次東西走馬廊，又次之大廳，廳之後，明樓茶亭，亭之後即寢室……

可知明代祠堂的大體佈局。清代祠堂的通常佈置是：前為大門嗣啟閉；中立廳堂供跪拜；後設後寢奉安祖先牌位；兩旁安排倉儲廚房等附屬用房，有的在祠旁還設家塾供子弟讀書。這些祠堂建築往往做得相當考究、氣派，越是強宗豪族，祠堂建築越是高大精麗，以顯示家族的雄厚勢力。這樣，宗祠成了宗族的活動中心，祠堂建築也常常成了聚族而居的聚落構成中心。

在等級制約下形成兩種大宅的構成模式

明初強化封建君主專制，崇尚程朱理學，對於建築等級制度限制得十分嚴格。洪武二十六年定制百官宅第：

> 公侯，前廳七間兩厦九架。中堂七間九架。後堂七間七架。門三間五架，用金漆及獸面錫鐶。家廟三間五架。覆以黑板瓦，脊用花樣瓦獸，梁、棟、斗栱、檐桷彩繪飾。門窗、枋柱金漆飾。廊、廡、庖、庫從屋，不得過五間七架。〔二九〕

公侯以下，從一、二品至九品都有相應的降等限定。對於庶人廬舍，則明確規定：『不過三間五架，不許用斗栱，飾彩色』。洪武三十五年復申：

> 不許造九五間數，房屋雖至一二十所，隨其物力，但不許過三間。〔三〇〕

清代對王公府第也有相應的等級規定。如《大清會典》載：

> 親王府制，正門五間，啟門三，繚以崇垣，基高三尺。正殿七間，基高四尺五

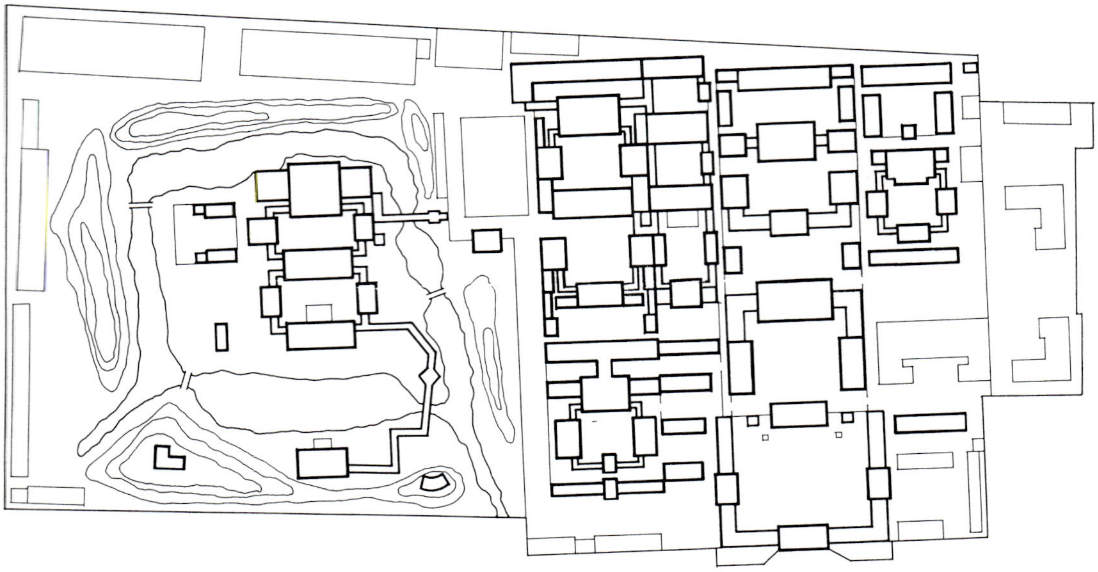

圖一七　高規格大宅。北京攝政王府總平面

寸，翼樓各九間，前墀鐶以石欄，臺基高七尺二寸。後殿五間，基高二尺，後寢七間，基高二尺五寸，後樓七間，基高尺有八寸。……凡正門殿寢均覆綠琉璃瓦，脊安吻獸，門柱丹雘，飾以五彩金雲龍紋，禁雕刻龍首。壓脊七種，門釘縱九橫七，樓屋旁廡均用筒瓦，其府庫倉廩、廚厩及典司執事之屋分列左右，皆板瓦，黑油門柱。〔三二〕

這種等級禁限，有兩點很值得注意：一是對於王公府第和百官宅第的中路或主軸的建築構成、建築形制，限制得十分明確、具體，包括殿屋重數、院落進數、門殿間數、臺基高度、瓦件色質、脊飾品類、樑柱油飾，以致門板油色、門釘數目、門環材質等等，都一一限定，而對於整體組群的大小規模和單體建築的數量多少，並沒有禁限。二是對於庶民廬舍雖然嚴禁每棟不許超過三間，但建多少棟卻沒有限制，可以根據自身物力，建一二十所也都允許。這樣就決定了明清的大型宅第呈現出兩種基本構成模式：一種是高規格的大宅，其主軸或中路可以採用符合等級身份的高體制門殿、間架、臺基、裝飾，王公府第和高品官第宅都屬於這一類，以王公府為最突出。如北京攝政王府形成以銀安殿為中心（圖一七），由五路院落縱橫交錯組成龐大組群；曲阜衍聖公府形成三路軸線，主軸包括大門、二門、儀門、大堂、二堂、三堂和四重內宅房的龐大組群（圖一八）；另一種是低規格的大宅，主體廳堂限於等級規定，一般只做到三、五開間（明代後期和清代對庶民房屋的間數限制有所鬆弛，有的民宅做到五間，個別做到七間）。儘管房屋規格、形制不高，但院落和建築的數量很多，從而聚合成大型住宅組群。這類大宅多為富商宅院和地主莊園，如山西祁縣的喬家大院、山西靈石縣的王家大院、山東棲霞縣的牟氏莊園都是很典型的實例（圖一九）。喬家大院由五組宅院和一個花園、一座祠堂組成。每組宅院均有正院、跨院。各個正院、跨院又串連著二、三進院庭，組成了大小院落二十個，房屋三百一十三間的大宅群。牟氏莊園也由六組多進院與一組花園組成，佔地近二萬平方米，房屋達四百八十餘間（圖二〇）。這兩種模式的住宅組群體現了大宅構成的兩種機制。

技術演進推動宅第工藝的若干變化

最令人矚目的是磚的生產量在明代得到大幅度的上昇。由於煤的產量增多，據《天工開物》記載，明代民間燒磚已用煤做燃料，採用『段煤一層，隔磚一層』類似近代圍窰的燒法，一次可燒幾萬塊以至幾十萬塊磚。磚的生產能力提高，造價相應降低，得以在民間住宅中普及使用。這使得民居建築的山牆和檻牆有條件改版築牆、土坯牆為磚牆，大大改進了牆體的耐水、耐熱性能，推動了宅屋出檐的收縮和硬山式屋頂的出現，形成了硬山

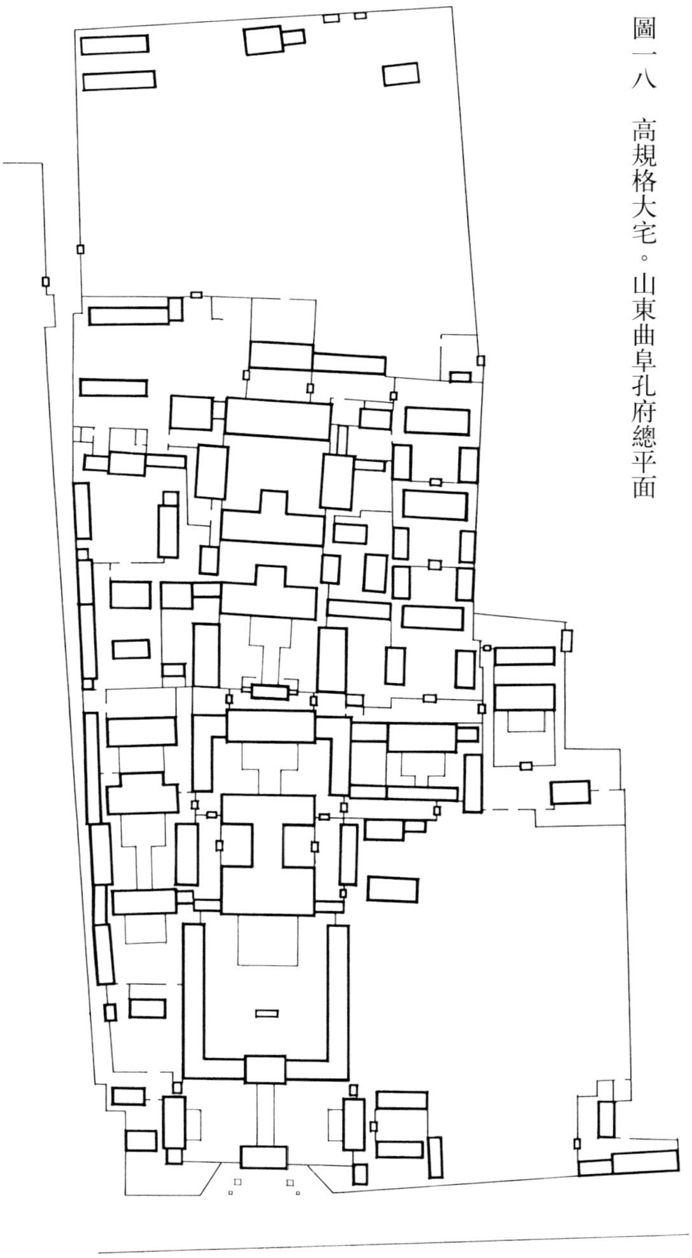

圖一八　高規格大宅。山東曲阜孔府總平面

建築在北方民居中廣泛盛行的局面。

與磚產量增多的趨勢相反，木材資源由於長期大量消耗，到清代已顯現匱乏，宅第建築的木構架普遍呈現簡化構造、節約用材量的技術改進，『清代住宅，特別是清代中、後期住宅的柱徑、檁徑、樑枋等明顯變小變細，一些不必要的斗栱構件全部取消，大的月樑造型也以直梁代替』。〔三二〕民間建築致力於開發新建築材料，一種以磚代木的簡便構造方式——硬山擱檁的做法，也在清中葉以後很快地盛行起來。

清光緒年間，在山東博山成立玻璃公司，聘請外國人製造玻璃，這是我國大量生產平板玻璃的開始。平板玻璃的推廣，突破了傳統外檐裝修的密櫺做法，隔扇櫺心出現空朗的燈籠框櫺格，支摘窗內扇出現明亮的夾樘條大玻璃窗、仔邊大玻璃窗等，顯著地改善了住宅室內空間的亮度，外檐立面也有所疏朗。

隨著宅第建築和園林建築的發展，明代家具也有很大的進展。由於鄭和七下西洋，推進了海外交通。東南亞各國盛產的花梨、紅木、紫檀等源源輸入我國，給家具生產提供了質地堅硬、強度很高、色澤紋理優美的優質木材。明代木工工具品種增多，也為家具製作提供了良好的加工條件。在這樣的背景下，明代家具得以運用較小斷面的硬質木料，製作

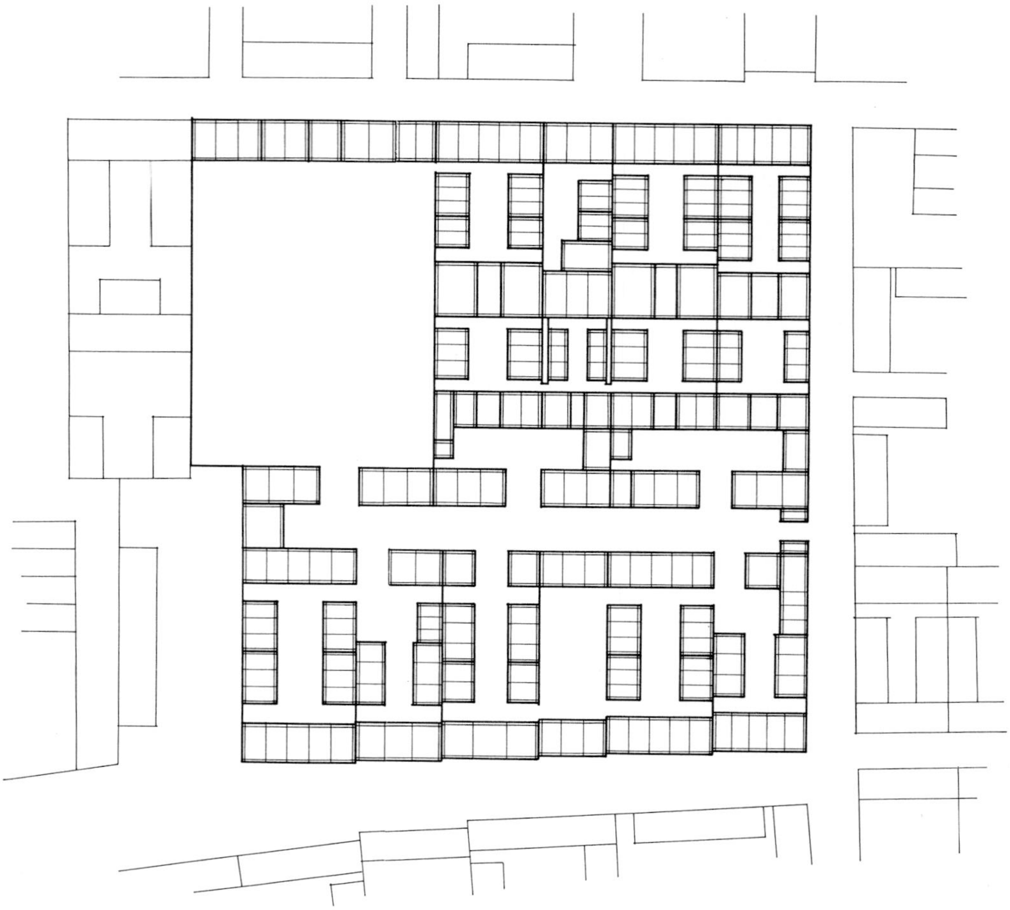

圖一九　低規格大宅。山西祁縣喬家大院總平面

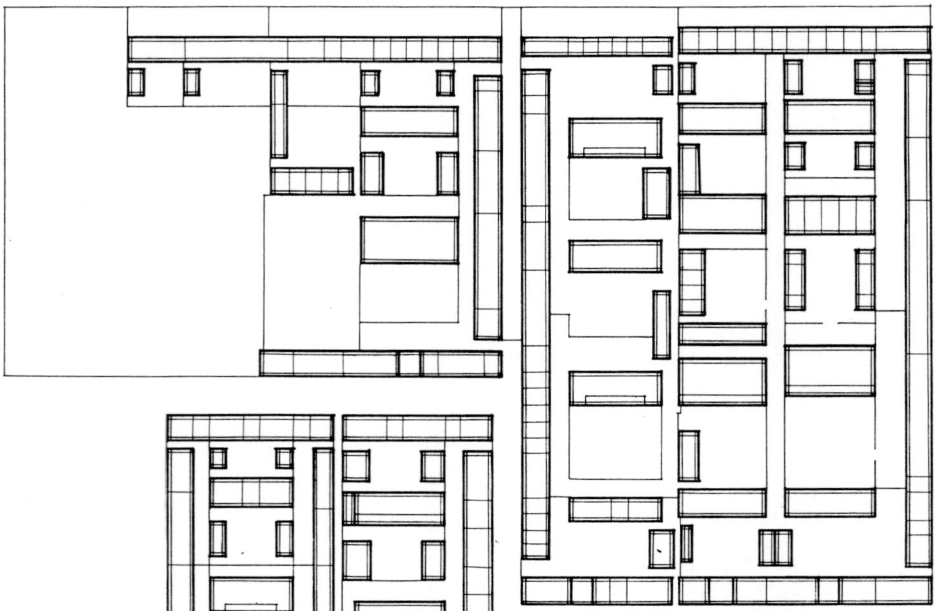

圖二〇　低規格大宅。山東栖霞牟氏莊園總平面

精密的榫卯，進行細緻的雕飾和線腳加工，充分利用和表現優質材料的色澤與紋理，達到結構與造型的完美統一，形成了明式家具體形穩重，比例適度，簡潔洗練，線條流暢的特點，成為我國古代家具發展的高峰，對提高明代宅第室內的藝術品位起到了重要作用。清代家具與明代家具的風格截然不同，趨向於追求裝飾，王公府第的高檔家具常鑲以玉石、陶瓷、琺瑯、文竹、貝殼等，破壞了家具的整體形象和比例色調的和諧統一。這個趨勢在同治、光緒年間更為顯著，形成一種被稱為『同光體』的繁縟格調。廣大民間家具以實用、經濟為主，尚能保持民居統一的純樸基調。

二　主要類型

考察北方漢族的宅第類型，有必要先追索木構架體系宅第建築的基本構成形態。千差萬別的傳統民居，只要是屬於木構架體系的，都呈現出明顯的同構現象。它表明木構架體系宅第建築存在著單體宅屋的基本型和庭院組構的基本模式。傳統木構架宅第之所以形成種種不同的類型，實際上都是在基本型和基本構成模式的基礎上，通過一系列鄉土因素的調節而衍生出來的，北方漢族宅第也是如此。

宅屋的基本型可以概括為三開間的『一明兩暗』。這種單體建築形式具有一系列的長處：

一是提供適宜的使用面積，無論是以單棟獨立使用，還是組合於庭院中使用，空間大小都較為適宜；

二是滿足必要的分室要求，有一間堂屋、兩間裏屋，分室合理，很適合一般大家庭中的小家庭或單獨的五口之家的起居需要；

三是具有良好的空間組織，堂屋居中，處於軸線位置；裏屋隱於兩側，有良好的私密性；三室均為長方形，室內空間完整，間架分明，分合合理　主從關係明確；

四是可獲得良好的日照、通風，堂屋和裏屋都可以在前後檐自由開窗；

五是可用規整的樑架結構，規則的三開間平面，為採用規整統一的樑架提供了便利條件，進深方向可以選擇不同的架數，面闊方向必要時也可以增減間數，具有調節面積的靈活彈性；

六是有利組群的整體佈局。三開間的建築單體，平面呈矩形，立面上明顯地區分出前後檐的主立面和兩山的次立面。這種規整的、主次分明的體型，既適用於單棟的獨立宅舍，也適用於庭院式的組合佈局。在庭院組構中，可以用於軸線上作為正房，也適合用於兩側作為廂房。居中的堂屋可以敞開或前後設門，便於前後院之間的穿行交通和室內外空間的有機組織。由這種規整的三開間單體建築圍合的庭院整體，既有利於形成尺度合宜的方正庭院，也有利於取得整體院落規整的輪廓。

正是這一系列的優越性，使得這種『一明兩暗』的三開間單體建築具有持久的生命力，成了傳統宅屋普遍通用的基本型。

宅院的構成模式，歷史上經歷過從廊院式向合院式的轉變。合院式佈局的核心構成可以概括為『一正兩廂』。通常一組三合獨院，是由一棟正房和兩棟廂房，加上院牆、牆門圍合而成，『一正兩廂』是它的構成主體。一組獨立的四合院，也是以一正兩廂為主體，加上倒座、大門組成。在多進院中，主院通常也總是由一正兩廂組構。為什麼會出現這樣的構成模式？王國維有一段詳細的表述：

> 我國家族之制古矣，一家之中，有父子，有兄弟，而父子兄弟又各有匹偶焉。即就一男子而言，而其貴者有一妻焉，有若干妾焉。一家之人，斷非一室所能容，而堂與房又非可居之地也。……其既為宮室也，必使一家之人，所居之室相距至近，而後情足以相親焉，功足以相助焉。然欲諸室相接，非四阿之屋不可也。四阿者，四棟也。為四棟之屋，使其堂各各向東南西北，於外則四堂，後之四室，亦自向東西南北而湊於中庭矣。此置室最近之法，最利於用，亦足以為觀美。明堂、闢雍、宗廟、大小寢之制，皆不外由此而擴大之，緣飾之者也。〔三三〕

王國維的這段表述雖有不夠確切之處，但他認為合院佈局是適應宗法制家庭形態最合適的組合方式，最為近便，最為有利，也足夠美觀，這個見解是精闢的。不難看出，以『一正兩廂』為核心構成的合院式佈局，較之廊院式具有增添居室比重，密切內部聯係，緊縮宅院佔地，突出禮教意識，強化內向品格，增強防衛功能等多方面的優越性，自然取代廊院式而成為後期庭院式住宅的基本構成模式。

北方的木構架宅第正是在『一明兩暗』的宅屋基本型和『一正兩廂』的宅院核心構成的基礎上，結合當地鄉土實際，衍化出不同的類型。從規模上明顯地分為兩大類：一類是散佈在北方各地的單體平房，由一兩座單層宅屋組成單一的或一正一廂的散立住宅，它是北方小型宅舍的通用形式；另一類是各種類別的北方合院，北方大中型宅第都採取這種佈局，基於地區的差別，可粗分為北京、東北、晉陝、青海四型。其中位處京畿地域的北京

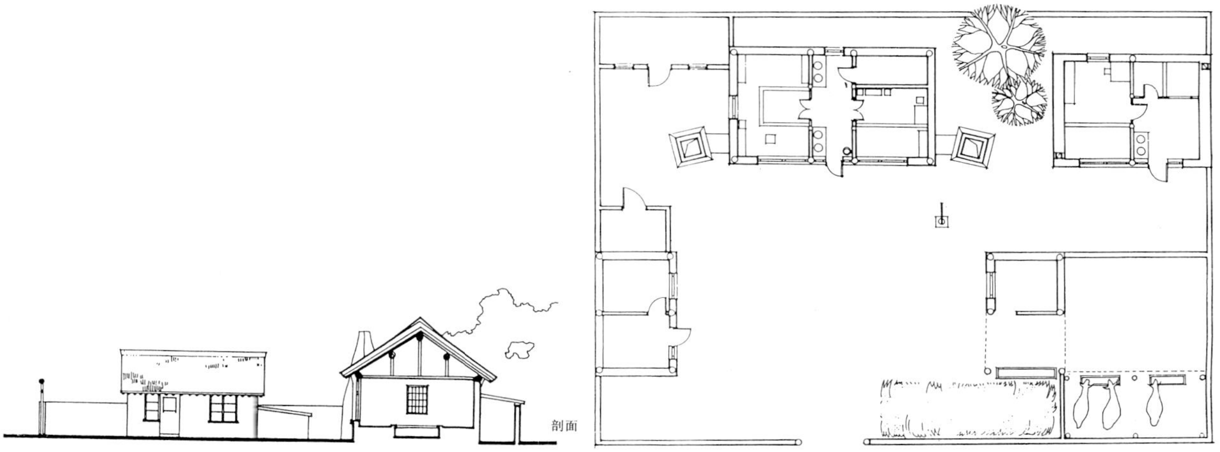

圖二一　黑龍江省齊齊哈爾市諸宅。明間用作廚房，西屋設萬字炕

四合院是官式宅第的正統範式。除這兩大類外，在大片的黃土地區還盛行一種不屬於木構架體系的窰洞民居。它利用深厚的黃土覆蓋層，創造了簡便經濟的生土住宅，是北方漢族宅第的一種獨特形式。大型窰洞住宅多形成窰屋混合型的組群，也同樣顯示出『一正兩廂』的宅院構成形態。

下面將上述北方漢族宅第歸納為北方單體平房、北京四合院、東北大院、晉陝窄院、青海莊窠和西北窰洞六種主要類型，依次展述。

（一）北方單體平房

除黃土地區外，北方大部分農户都住這種宅屋。它的分佈面很廣，東北、華北、西北都有。每户住宅多數僅用一座正房作為主屋，配以糧倉、雜物棚、柴草堆等，少數住户另加一座輔屋，呈散置的一正一廂格局。這種單體平房住宅，大多不設院牆，有條件的則以土坯、秫秸、亂石、雜木等圍成簡易的矮牆，設簡易的扉門，構成簡易的宅院。

主屋大多數採用傳統宅屋的基本型——一明兩暗的三開間平房，明間為外屋，兩次間為裏屋。裏屋用作居室，北方大部份地區都在裏屋設炕取暖，房屋進深淺的，設單面的南炕或北炕；房屋進深大的，可設南北兩面的對面炕。外屋的用途因地而異。東北地區冬季嚴寒，煮飯、燒炕合用的大鍋臺都設在外屋，少則兩臺，多則四臺，外屋實際上成了集中的廚房，這為裏屋提供了必要的隔擋寒冷的過渡空間，有利於居室的保温和潔淨，但居中的外屋不能發揮堂屋應有的作用，這是防寒上昇為強因子而採取的得力措施。正是由於這個緣故，居住在北方的滿族形成以西屋為上的習俗，在上屋設三面連續的萬字炕，把祖先牌位設在西炕尊位（圖二一），漢族也有做用這樣的佈置。而在晉陝等地，冬季氣温較東北暖和，火炕的竈臺有的設在外屋，有的分散在裏屋炕邊，後一種做法可以保持外屋的整潔，可供祭祖、慶典、會客、起居，能起到名副其實的堂屋作用。

根據住户人口的狀況，主屋的間數有一定的調節餘地。在等級限制不很嚴格時，間數可以擴大到五間以至七間。當財力不足時，也可以縮小為一明一暗的兩間。民間的這種兩開間宅屋，沒有拘泥於雙數開間屬陰的忌諱，更顯質樸求實的本色。

為爭取向陽的日照和避免給厚牆厚頂帶來構造上的困難，單體平房很少用轉角的平面，屋身也盡量平直，不作凹進凸出，主屋力求朝南正位，前檐多開大片窗户，以接納陽光，後檐則開小窗或不開窗。這些基於寒冷氣候所形成的特點，使北方各地的單體平房平

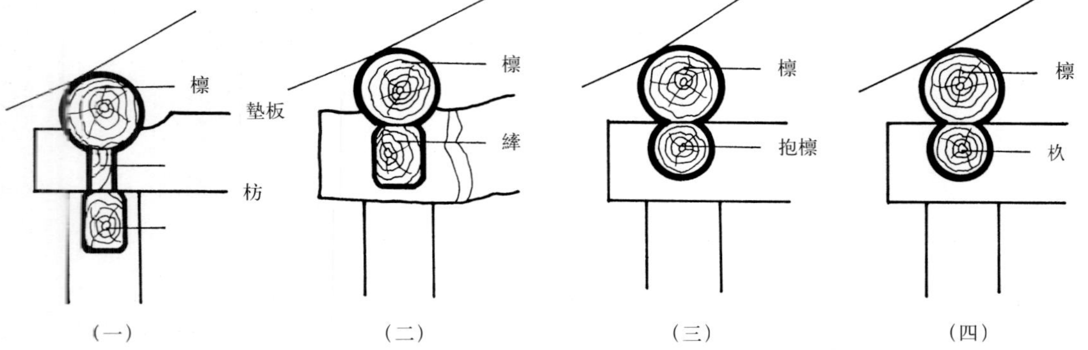

圖二二 民間構架的檁枋做法
(一) 官式做法：檁、墊板、枋組合
(二) 河北民間做法：檁、縴組合
(三) 陝西民間做法：檁、抱檁組合
(四) 吉林民間做法：檁、杦組合

面規則，體形規整，空間形態大體相同，其地方特色的差異，主要反映在不同的地方材料和不同的構築做法上。

除北京附近較為嚴格地沿用規範的官式形制外，其它地區都有各自特點的鄉土做法。從結構形式來看，主要有以下幾種：

民間抬樑構架

與抬樑構架的官式做法不同，民間抬樑構架祇進行簡易的加工，檁、柱以至大柁、二柁都可以用圓木制作。俗話説『有錢難買拱彎柁』，帶彎的木料在民間也能用來做柁，並善於隨彎就曲以增強構件的受力性能。不同地區的抬樑構架常有不同的習慣做法，如吉林盛行檁子下部直接重疊一根圓木，稱為『杦』，以取代墊板和枋。陝西、河北也有類似的用法，但陝西把杦稱為『抱檁』，河北把杦做成長方滾圓的斷面，稱為『縴』，展現出檁枋構件的多種民間變體（圖二二）。

簡易構架

宅屋進深較淺，許多地方都有慣用的簡易做法。如僅在大柁上立一根脊瓜柱的三架樑式；在脊瓜柱兩側添加斜撑的大托腳式；不設脊瓜柱，僅用兩根斜木架立脊檁的大叉手式；在大柁上立三根瓜柱而不設二柁的三柱香式等等，做法靈活，不拘一格。

硬山擱檁

華北、西北的黄土地區，木材資源缺乏，有些平房不用梁柱，直接在山牆上擱置檁條，山牆之間用一兩根水平撑木保持穩定，變樑柱承重為牆體承重，有效地簡化了結構並節省了木材。

井幹式

在東北林區木材資源特別充裕的地方，還延續著一種古老的井幹式構築，俗稱『木楞子房』。即用圓木或方木重疊成牆體，拐角處用榫頭十字搭交結合。這種木牆體整體性很強，屋頂不必用柁，祇用人字椽木交搭成大叉手即可。

穿斗式構架

一些處在南北交接處的地區，氣候較温和，也有採用穿斗式構架的做法。如陝西南部地區大部分構架都是穿斗式，並做成帶閣樓的二層樓房。通過穿枋的連接，挑枋的懸挑，加上格栅樓板的拉結和頂部抱檁的加固，可以取得較強的構架整體性和較深的屋頂挑檐。

從牆體形式來看，各地利用本地區的建築材料資源，形成了牆體的幾種主要做法。山西一帶産煤地區，磚材價廉易得，從明代開始民間已盛行青磚牆。北方大部份地區，土資

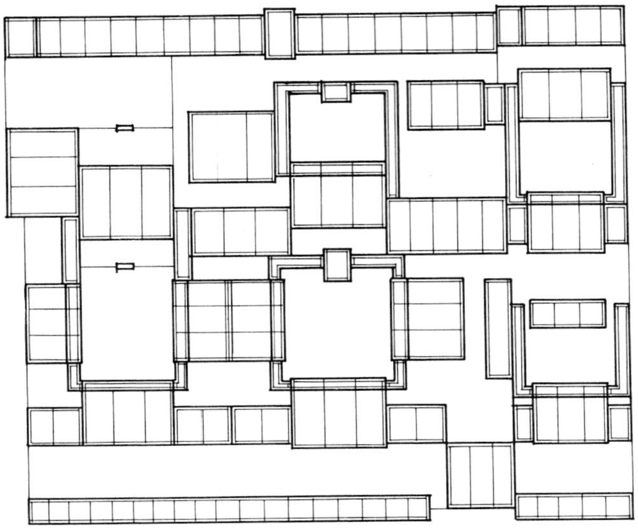

圖一三　北京四合院的多進多路大宅。北京沙井胡同某中堂府

源極為豐富，利用土材良好的防寒、保暖、防火的性能和便於挖取、便於加工的特點，廣泛採用就地取材的夯土牆和土坯牆。一些多石少土的山區，則用塊石牆、毛石牆、片石牆。黑龍江地區還採用一種獨特的『拉哈牆』。『拉哈』是滿語，意為『掛泥牆』。是以黑黏土為主要材料，用穀草、稻草浸水柔軟後，混入稠泥中，擰成拉哈辮，用它來砌成拉哈牆，可用於外牆，也可用於內牆，當地漢族房舍也用此法。這些牆體做法都以其就地取材、因材致用的經濟實效而獲得長久的生命力。

北方單體平房的屋頂由於防寒保暖的需要而做得十分厚重，屋頂形式不像南方民居那樣靈活多變。大體上降雨量多的地區，屋頂呈雙坡頂，降雨量少的地區，殷實人家仍用雙坡頂，貧困人家則用價廉的弧形囤頂或微斜的平頂。雙坡頂的形制基本上統一為硬山頂和懸山頂，當山牆為磚牆、石牆時，多為硬山；當山牆為土牆、拉哈牆時，多為懸山。個別地區，如西安、太谷、呼和浩特等地，還常用一種獨特的單坡頂。屋面用料也是就地取材，或宂瓦，或苫草，或抹城土，或鋪石片。這些種種不同的屋頂做法和不同的牆體做法相匹配，形成了青磚瓦房、夯土草房、土坯草房、城土平房、石牆房、拉哈房、木塄房等多種鄉土構築方式，它們構成了北方單體平房的基本面貌。

（二）北京四合院

在北方宅第中，北京四合院佔有特殊的地位。它長期處於都城所在地，很自然地沿用一整套嚴密的官式做法，形成合院式住宅最典型的佈局，是中國傳統住宅最具代表性的正統形制。

北京四合院由正房、廂房、耳房、廳房、倒座房、後罩房、大門、垂花門、抄手廊、窩角廊、穿廊、影壁、院牆等單體建築和建築要素構成。其組合形式可以分為單進院、兩進院、三進院和超過三進的多進院。一進進院落沿著縱深軸線組成一路縱列。大宅不止一路，有主軸旁帶跨院的，有兩路並列的，有多達四五路雙向復合的，也有個別受地形制約，路列不清，呈多院交錯組合的（圖一三）。

在構成形態上，北京四合院大體上顯現以下特點：

主要建築大部份採用一明兩暗的三開間基本型，核心庭院均採取一正兩廂再加上垂花門或過廳的四合格局。正房、廂房、倒座房互不毗連，呈離散組合。組群縱深軸線突出，除大門外，力求左右對稱。為保証充足的日照，廂房不壓正房，院庭較為寬舒，主庭院大

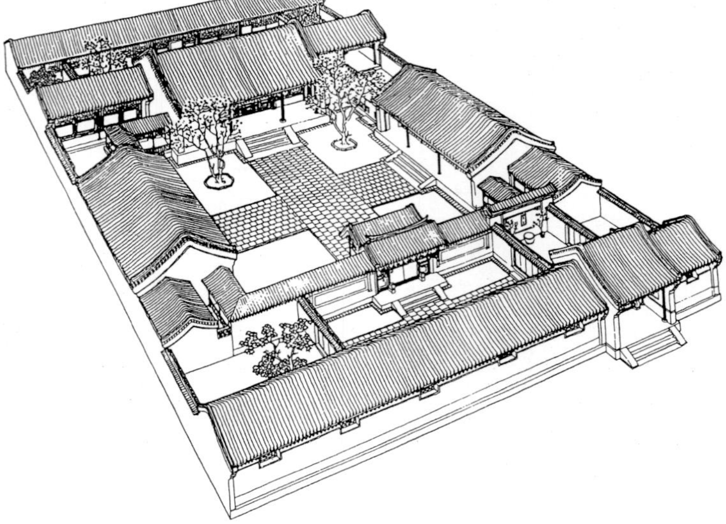

圖二一四　北京四合院『七間口』三進院的典型形態

體接近正方形。

以正房為全宅主體，以正房院為全院主庭院。總體佈局儘可能使正房處於坐北朝南的最佳方位，其面闊、進深、架高和裝修做法都居全宅首位。受等級限制，低品官和庶人的宅第，正房都不得超過三間。因此，北京四合院的正房大多數都是三開間的基本型，少數有用五間的。年代早的房子，明間面闊大於次間，東次間的面闊也稍大於西次間。年代晚的房子，東西次間的面闊已無區別，甚至明次間的面闊也相同。正房兩側多設有毗連的耳房，通常東西耳房各一間，構成『三正兩耳』的『五間口』院落。大宅院的東西耳房增為兩間，形成『三正四耳』的『七間口』大院（圖二一四）。當宅地窄狹時，可不設耳房，院子緊縮為『三間口』。還有一種『四間口』的做法，即正房三間東西耳房各半間，俗稱『四破五』。正房與耳房的這種搭配，適應了不同寬窄院口的需要。

廂房對稱地坐落在庭院兩側。居正房左邊的、朝西的稱東廂房或東房，居正房右邊的、朝東的稱西廂房或西房。廂房是主房的輔從，間架尺度和裝修做法都低於主房。傳統規制以左為上，年代早的四合院，左側的東房架高略大於右側的西房。廂房一般也是三間，但較為靈活，院子淺的可以縮小為一間、兩間，院子深的可以在三間廂房的南側，再毗連兩三間稍低的廂房，或設小進深的耳房。這種耳房多數用拍子式的平頂，稱為盝頂。廂房的這種靈活調節，滿足了庭院不同深度的需要。

四合院住宅臨街一面，佈置前檐朝內、後檐背對胡同的倒座房。宅第的大門即在倒座房的東頭。倒座的間數與院口的間數有關，一般情況倒座房的間數加上大門一間即等於院口間數。當宅院帶有更道時，倒座間數則相應增加。當宅院緊縮為三間口時，大門可縮為半間，倒座則剩下兩間半。倒座臨街的後檐，一般不開窗，或作高窗，立面是大片閉塞的帶『老檐出』或『封護檐』的磚牆面，為宅院帶來高度封閉的外貌。

在三進院或多進院中，正房後部多設後罩房，作為宅院的最後一進。後罩房等次較低，較為矮小。宅院如有後門，就設在後罩房的右端。

受北派風水的制約，北京四合院的大門，除了王府的大門居中外，都盡量設在宅院的左前隅。當正房處於常規的坐北朝南方位時，大門必開在東南角上。按八卦方位，這是最理想的『坎宅巽門』。大門是一宅的門第標誌，禮的規制對大門的等級限定十分嚴格。與大門陪襯的還有不同類型的影壁，有設在門外以組織門面空間、壯大門面形象的，有設在門內以屏蔽障隔，組構門庭小院的。

宅院內部還設有一道獨特的垂花門。它是正房院的入口，在二進院、三進院中，垂花門就處在二門的位置；在多進院中，垂花門則隨正房院一起後移，可以説是四合院內部的『寢門』。垂花門自身有多種形制，都做得很華麗，構成宅院中的裝飾重點。

在多進院中，縱深軸線上還設有廳房，通常分三類：一是過廳，主要用於穿行；二是一般廳堂，前後檐都開門窗，可以穿行，也可以作為客廳、起居室；三是花廳，帶有遊樂性質，常常加大進深，采用勾連搭屋頂；或前檐加抱厦之類以增加體量變化。廳房院通常安置在第二、三進，與後面的正房院構成了『前堂後寢』的格局。

對院落的空間組織，善於運用廊與牆的穿連，圍隔。在正房院中，常用窩角廊、抄手廊把正房、厢房的前廊溝通，並與垂花門連接，形成主庭院的周圍環廊，既便於環行交通，也豐富了庭院的空間層次。在花廳院中，常常採用三面環廊的廊院式佈局，這種迴廊大多配上花牆，牆上做各式漏明窗或燈窗，更加濃鬱花廳院的遊樂性格。在前後院或並列院之間，可以靈活地安插穿廊。在一些邊隅、角落，可以隔以矮牆、屏門。這些抄手廊、窩角廊、穿廊和矮牆、屏門的圍隔，對宅院内部進一步劃分出若干小院、露地，更增添了四合院空間意蘊的幽靜、深邃。

北京城的胡同佈局，按元大都定制，胡同間距為五十步，減去胡同寬六步，净距為四十四步，約合六十七點七六米。明清時胡同變窄，胡同净距約合七十米。這個尺度，在兩條胡同之間適於容納四、五進的大院。由於北京的多數胡同是東西向的，這樣，多進大宅院能夠佔滿兩條胡同之間的地皮，正房可以妥貼地坐北朝南，大門面向前條胡同，開在宅院東南隅的巽方，後門面向後條胡同，開在宅院西北隅的乾方，順當地取得坎宅巽門的理想格局。而對於一兩進院的住宅來説，就難免形成一部份住宅坐落在胡同南側的不利局面。這種情况，有的採用在胡同之間增添一條死胡同的辦法，有的採用在宅地邊上闢一條通道的辦法，以滿足這部分住宅也能在巽方開門，保持正房坐北朝南。如果這兩種方式都難以辦到，就只好把正房倒過來以南為上，遷就坐南朝北的不利格局。北京也有部份胡同是南北向的，這些胡同裏的宅院也需要扭成以東、西為上的格局。對於這些以東、南、西為上的宅院，大門就相應地開在各自的左前隅。

北京四合院的建築，普遍採用官式的規制和做法，構架大部份為抬樑式的大木小式，牆體普遍用整磚或碎磚砌造，屋頂除王府殿堂外，幾乎統一地採用硬山頂。屋面普遍用合瓦，簡易宅舍用青灰背、棋盤心。宅屋前檐裝修以隔扇門、支摘窗為常規。後檐不開窗，或開少量高窗。整個宅屋呈現以青磚灰瓦為基調的素净色調。

從北京四合院的以上特點，不難看出，它是以木構架體系的技術手段，創造了充分適應封建家長制家庭的住居環境。一所四合院，提供了一處對外封閉的小天地。在這裏，正房住長輩，廂房住晚輩，倒座房用做客廳、書房和門房、僕役房，後罩房用做女僕居室或雜物室。既保証大家庭的團聚，又維繫小家庭的相對獨立和密切聯係。這裏的房屋和庭院形成了明確的主從、正偏、內外關係，充分滿足了封建家長制所需要的區別尊卑、男女、長幼、嫡庶的倫理秩序。

北京四合院充分體現了官式建築的正統性、規範性，集中地反映出高度成熟的官式風範，有關這方面的分析，將在下章『藝術特色』中論述。

（三）東北大院

東北地區是我國多民族聚居的地區之一，這裏居住著漢、滿、蒙、回、朝鮮、達斡爾、鄂倫春等十幾個民族。雖然漢民早在漢代已進入東北墾荒，而大規模移民卻到清末才開始。順治十年（公元一六五三年）一度實行墾荒戍邊政策，頒佈《遼東招民開墾條例》，關內漢民紛紛舉家遷到關外，但為保存『龍興之地』，從康熙七年（公元一六六八年）起即禁止移民。後因沙俄割佔黑龍江以北及烏蘇里江以東大片土地，清廷不得不恢復移民戍邊。光緒四年（公元一八七八年）解除漢族婦女移居關外之禁後，才形成較大規模的漢民出關。這些漢族移民大多來自河北、山東等地，自然帶來這些地區的民居傳統。可以說東北漢族民居實質上是華北民居的一個分支，東北大院實質上是華北合院的母本適應東北自然環境和人文環境而衍生的一種合院形態。

在自然環境方面，東北地區有兩個強因子：一是氣候寒冷，冬季嚴寒，不少地方出現零下三十度以下的低温，住宅突出強調防寒保温，需要厚牆厚頂，需要向陽日照，需要火炕、火牆等採暖設施；二是土地遼闊，東北大平原約佔全國平原面積的三分之一，整個平原寬廣平坦，加上人口稀少，住宅用地頗為寬鬆、平整。

在人文環境方面，呈現滿漢習俗的相互滲透。由於遠離封建統治中心，禮制對宅第的某些制約有所削弱。單座房屋的開間不拘於三間，大量出現五開間的正房，有的甚至達到七開間。由於嚴寒，有關房屋使用功能的禮儀約定也讓位於實用。在高寒地區，不同輩分的一家人多同住正房，廂房只作雜用房或僕人房。在關內供奉祖宗靈位的堂屋，也變成了集中鍋臺的竈間。富裕農户由於經營土地較多，備有車馬，需在院內儲藏糧食，種植蔬菜，飼養畜禽，設置碾房、磨房。這些大大增添了東北大院的功能內涵和佔地規模。北派風水推崇『坎宅巽門』的佈局模式，也因方便車馬出入而改為正中開門。《白山黑水錄》提到：『富豪屯宅甚多，土壁高丈餘，四隅築樓，設女牆自衛以防馬賊』。防備盜匪的侵犯，還促使東北農村的大宅院形成高牆壁壘、四角設『炮臺』的獨特現象。

東北各地大院的格局不盡相同，以現吉林市一帶的大院佈局最具代表性。這裏的漢族大院與滿族大院佈局方式基本相同，以『一正四廂』的兩進院為基本形態，吉林市頭道胡同張宅可以說是它的典型實例（圖二五）。通常內院由『一正兩廂』構成，不設耳房；外院設大門和東西廂；內外院之間隔以二門和腰牆，或立院心影壁作象徵性的分隔。宅院週邊圍以院牆。院牆常常大出一圈，形成很寬鬆的大院。 內院後部多留有空地，作為後園。也有在後部加建後正房，構成第三進的後院。整個宅院佈局規整，左右對稱，正廂房分離，不用窩角廊而以帶配門的拐角牆連接。院庭寬大，日照充足，空間完整，是合院式佈局中離散度最大的一種。

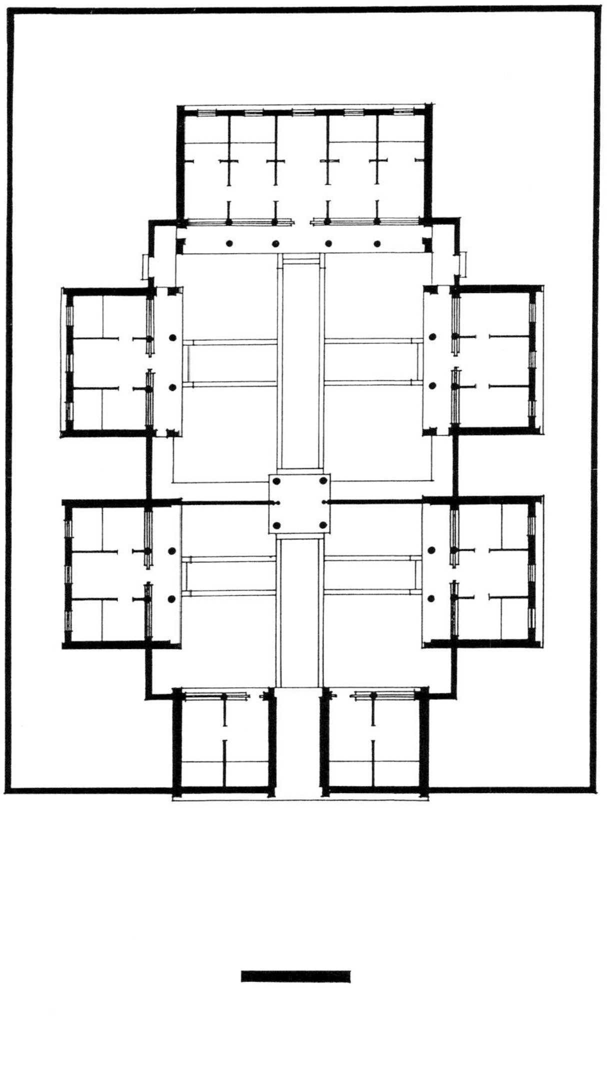

圖二五　東北大院的『一正四廂』格局。吉林市頭道胡同張宅總平面

為爭取向陽日照，一般正房間數多為『一明四暗』的五間，當中的明間稱堂屋，左右次間稱腰屋，左右梢間稱裏屋。腰屋、裏屋都作為卧室，各設北炕或對面炕。堂屋則集中兩口或四口煮飯和燒炕合用的大鍋臺，成了厨房兼隔擋寒冷的過渡空間。有的堂屋後部隔出倒閘，將鍋臺隱於倒閘之內，有助改善堂屋觀瞻。

內外院的廂房一般都是『一明兩暗』的三開間，分堂屋、北屋和南屋。在吉林地區，城鎮中的廂房通常作為晚輩住房；農村中的廂房則有一部份用作碾房、磨房、草房、馬圈和儲藏室、伙計室。

大門分兩大類：一類是屋宇門，有單間、三間、五間三種形式。三、五間的門屋，以敞空的明間為門洞，以前檐向內的次、梢間為卧室。大門裝修設於明間金柱部位。這類門屋體量較大，門前對面多設有一字影壁或雁翅影壁，門面頗有氣勢。單間的屋宇門則有帶砌磚山牆的磚門樓和透空的『四腳落地』的瓦門樓之分。另一類是牆垣門，它沒有形成進

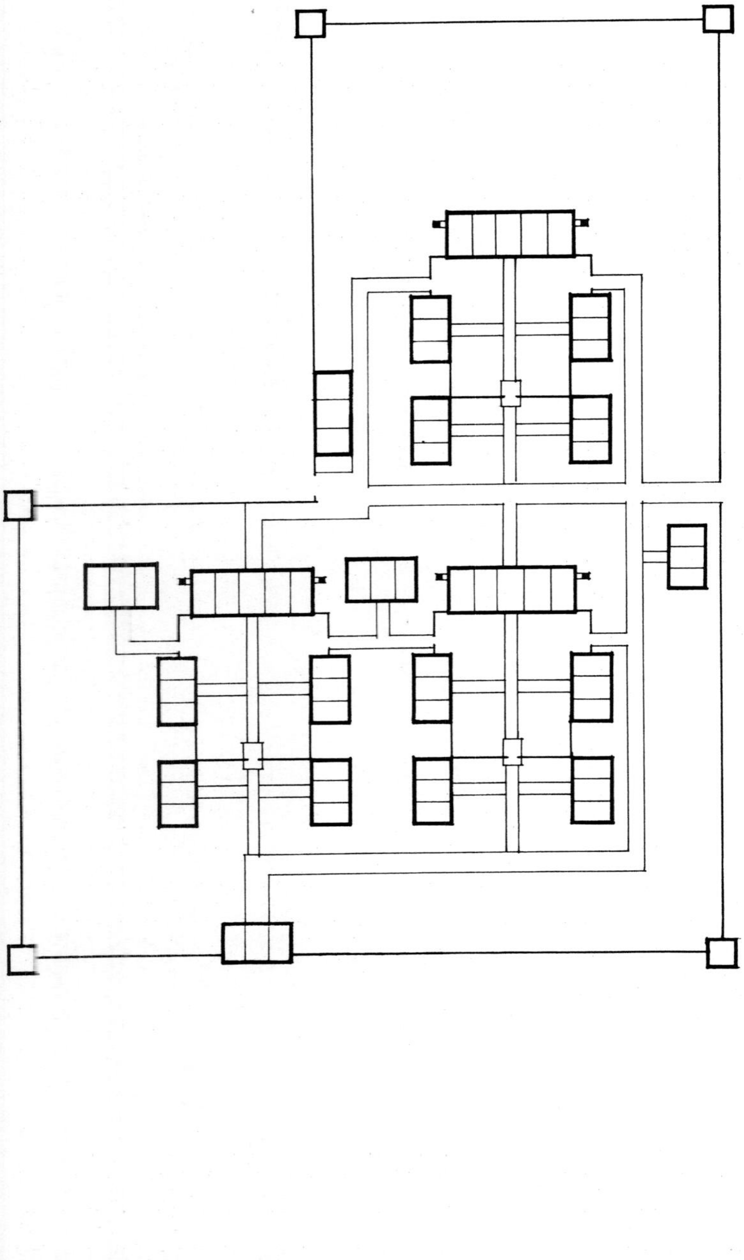

圖一二六　東北大院的大型宅院。吉林省公主嶺甘家子鎮郭宅

深，不帶門屋空間，也有兩種做法，一種是帶木板屋頂的，稱為板門樓；一種是像衡門那樣不帶屋頂的，稱為光棍大門。

農村的大宅院，為加強防禦，院牆高度常達四米乃至五米左右。院牆四隅設炮臺。炮臺一般高兩層，有土築、磚築、石築的，有帶瓦頂、草頂的，也有作城土平頂的。農村大院内，多在後園安置糧囤。當地風水以磨為『青龍』，以碾為『白虎』，故總是在前院東廂設磨房，西廂設碾房，加上牛馬圈、草棚、庫房等，一些大院達到很大的規模。

在建築技術上，東北大院沿用的是民間木構架體系。檁架構成廣泛採用『檁杦』配套，以圓形斷面的『杦』取代檁下的枋和墊板。這與河北民間構架上的『縴』十分相似，可作為東北漢族民居源於華北民居的一個佐証。牆體材料一般多用土坯牆，拉哈牆，富户多為磚牆。也有只在前檐用磚，兩山及後檐仍用土坯的做法，俗稱『前浪後不浪』。屋頂有起脊瓦頂、起脊草頂和城土囤頂等幾種做法。瓦屋面採用小青瓦仰面鋪砌，不同於華北地區的合瓦壟，因為冬季合瓦壟積雪滿溝，融化時會侵蝕壟溝灰泥，屋瓦容易脱落。仰瓦鋪砌則有利於雪水排洩，而在屋面兩端各做三壟合瓦壓邊，以消除瓦面的單薄感。起脊草頂為防火多採取『坐地煙囱』的做法，把煙囱移到正房的兩側，對稱地拔地而起，成了正房的一種獨特的陪襯物。

東北大院的大型組群可以吉林省公主嶺市甘家子鎮郭宅為典型實例（圖一一六）。這組宅院是清朝舉人郭興武兄弟三人的住宅，由玉成堂、玉滿堂、玉真堂三套院落組成。建造時間距今已有二百餘年。每套院落均由一正四廂組成前後兩院。三套院落形成曲尺形組合，圍以高四米的磚砌院牆，院牆各個凸角設磚築炮臺，院落北部有一個小型的私家花園。整體佈局規整，規模宏大，頗有氣勢。建築牆體採用『内生外熟』做法，即牆外側用青磚，内側用土坯，既經濟又能達到更好的保温效果。宅屋不加彩繪，也不做木雕，體現出北方質樸的風貌。但是粗中有細，採用了不少磚雕，枕頭花（戧檐磚）、腰花、山墜（懸魚）都雕得很精美，圖案都不重復。

（四）晉陝窄院

晉陝窄院主要分佈於山西的晉中南地區和陝西的關中地區，以窄長形的内院為主要特徵。不同地區的窄院，長寬比不一，大體上晉中地區多為二比一，晉南地區接近五比一，關中地區常常超過二比一，有的甚至達到四比一（圖一一七）。為什麼把住宅的内院做成這

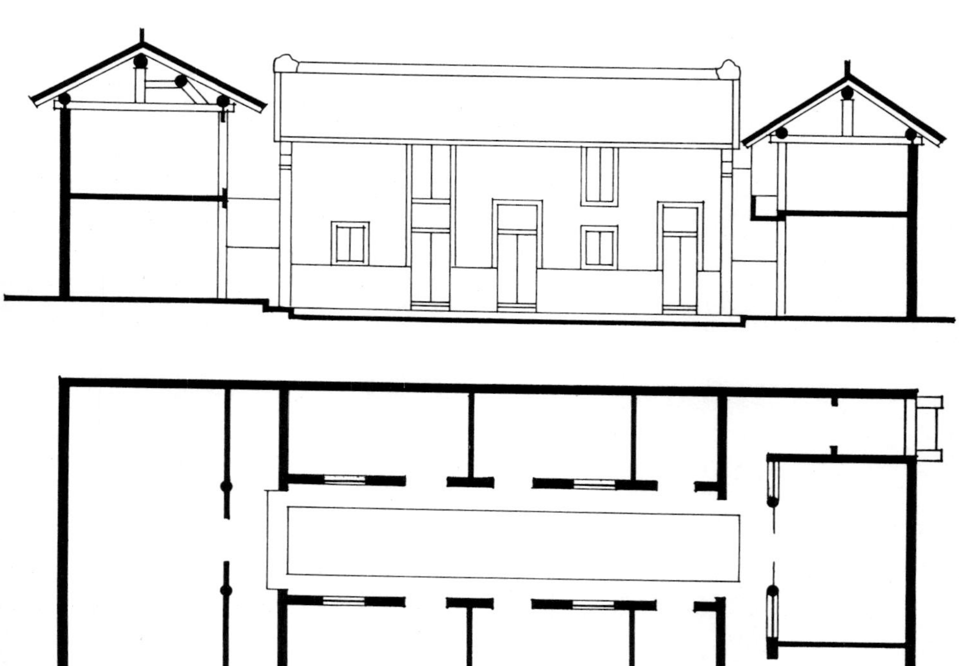

圖二七　陝西關中地區的窄院。韓城黨家村某宅

圖二八　山西襄汾丁村一號院。廂房採用『三破二』格局

麼狹長的比例，可能有多方面的緣故。一是遮陽避暑。這些地區夏季都很炎熱，採用窄院可以使內庭處於陰影區內，東西廂和正房的日曬也可以得到適當遮擋，較為陰涼。二是防阻風沙。縮小庭院寬度，兩廂靠攏掩護正房，相互遮擋，可以避免正廂房和庭院被風沙直接吹刮。三是緊縮占地。晉中南和關中地區，人口密集，地少人多，商品經濟也相對活躍，城鎮宅院沿街巷兩側佈置，宅基劃分在寬度上控制較緊。如關中地區多以十米左右的

三開間面寬較多，自然形成窄門面、大進深的院落。

一般說來，晉陝窄院具有平面佈局緊湊，用地經濟，選材較嚴，施工質量和裝修水平較高等特點。其平面佈局同樣以『一正兩廂』為基本型，可配上倒座、大門，形成獨院式平面；可加上垂花門、過廳、外廂、倒座等組成縱深串聯的二進院或多進院；可以在獨院的基礎上，並聯側院，形成主院與偏院的橫向組合；也可以通過內外院的串聯和正偏院的並聯，構成縱橫交織的大型院落。山西襄汾丁村目前存有一批明清窄院住宅，保存較完好者尚有四十座院落，其中明代的多為獨院式，院庭較寬，入清以後，二進院漸漸成為主流，窄院趨勢加強。建於清代末年的山西祁縣喬家堡喬宅　，也是窄院住宅的著名大型組群。全宅佔地八千七百二十四平方米，大小院落達十九個。以上兩處均已闢為民俗博物館，妥加保護。

晉陝窄院的單體建築要素，與其它合院住宅一樣，以正房為主體，通常坐落在縱深軸線的後部，取坐北朝南的方位。多數為『一明兩暗』的三開間，明間作堂屋，為會客、起居、慶典、祭祖的場所；兩暗間為長輩和長子的卧室。關中、晉南一帶多為磚木混合結構的、帶閣樓的一層半高或兩層高的樓房，個別做到三層；晉中地區則常用磚窑混合的正房，有單層的錮窑，有兩層的『窑上房』或『窑上窑』。在全宅中，要求正房的屋脊最高，從外院到內院，講究連昇『三脊』，以取意『連昇三級』。

兩側的廂房主要用作卧室，一般內廂住晚輩，外廂住僕人，厨房也設於廂房。窄院的廂房很有特色：一是間數較多，晉中地區有『外三內五』、『外五內七』的做法，即外院廂房用三間，內院廂房用五間；或外院廂房用五間，內院廂房用七間。間數愈多，庭院就愈狹長。二是出現『三破二』的特殊平面，晉南地區普遍採用三開間的廂房，而在明間正中設隔牆，將三間平分為二室，每室佔一間半。這是因為廂房進深過小，除去火炕，空間所剩無幾，擴為一間半較為實用。這種『三破二』廂房的立面，呈現出明間並列一對窄門的獨特現象（圖二八）。三是高度較大。一般都採用一層半高，上部帶閣樓。也有不少用兩層樓房。廂房高度上昇，意味著院牆增高，有利於安全防護，山西太谷、平遥、祁縣一帶高賈富户雲集，對高牆防衛尤為重視。四是採用單坡屋頂。關中地區的『房子半邊蓋』，被稱為陝西八大怪之一。晉中地區也盛行『一面坡』的硬山頂、撅臀頂。究其原因可能是出於防護的需要，因為內向的單坡屋頂，後檐顯著昇高，可取得周邊高牆環衛。對於井深取水困難的地區，採用單坡頂可將雨水匯入院中，俗稱『四水歸一』，還具有聚水的作用。五是採取軟硬兩種前檐。一種是『硬質前檐』，不出檐廊，前檐包裹著大片磚牆面，門窗洞口較小，廂房立面厚重、封閉，室內外空間硬性隔斷，庭院空間顯得平板、生硬、閉塞，宅院氛圍偏於森嚴、冷寞、窒悶，祁縣喬家大院就帶有這種特點；另一種是『軟質前檐』，一般設有檐廊或凹廊，在金步做大片細木裝修，庭院空間與室內空間有亦內亦外的檐廊作為過渡、延伸，有通透的隔扇、花格窗形成相互滲透，空間的層次感較強，庭院的狹窄感削弱，宅院氛圍顯得親切、融洽、安祥。

晉陝窄院臨街設倒座和宅門。倒座多作五開間，其中東梢間或明間作為宅門，西梢間作厠所，其餘用作門衛、客房或儲藏。為加強防護和壯大門面，小宅倒座多為一層半高，帶有閣樓，大宅倒座多為兩層樓高。臨街的倒座立面採取盡量封閉的做法，不向外開窗或祇在二樓開小窗，形成大片敦厚的實牆面。

大門是全宅的藝術表現重點。通常都隨倒座的高度，按一層半或兩層通高處理。門框檻退入，安裝於金步或脊步。門洞兩側伸出墀頭，上部做精美的門樓。門樓的檐枋、簾籠枋、花板、花罩等部位多充滿精緻的木雕，墀頭上方的戧檐、盤頭、墊花等部位多作各種精工的磚雕花飾。陝西韓城一帶稱這種大門為走馬門樓。大宅門前設有上馬石、拴馬樁、拴馬環等，抱鼓石、門枕石也都作精細雕飾，可說是木、磚、石三雕俱全。這些宅門還常在門額上立匾，題寫『進士第』、『耕讀第』、『富德居』、『天賜吉祥』等以標示功名、德行、吉祥，顯示門第的高貴，增添宅第的文化內蘊。一些商賈富户的大門裝飾往往過於堆砌，失之繁縟，雖然雕工精細而美學品位卻是低俗的。

（五）青海莊窠

青海東部地區，土壤肥沃，適於農耕，是青海的農耕區。這裏形成一種漢文化與其它民族文化交匯的鄉土民居類型——莊窠，當地漢、藏、回、土、撒拉等族的城鄉居民普遍採用這種住宅形式。莊窠的主要特點是以高原的土築莊牆包圍內部毗連的木構緩坡頂房屋而組成高度封閉的院落。這種形式當源於漢族合院宅第形制的傳入，傳播途徑可能有兩種：一是漢人遷移墾荒帶來原有地區的宅第形式；二是駐守西寧及其它地區的官員建造官式合院府邸的『範式』教化。從青海莊窠的院落構成和單體元素中不難看出漢族合院母本的胎記。莊窠的獨特形式充分體現出當地的氣候、資源特點。這裏氣候寒冷、幹燥，風沙很大。採用就地取材的黃土，夯築高厚的莊牆，起到了有效的禦寒防沙作用。當地盛產白楊木，為木構架提供了方便的用材條件。楊木材質較差，且不易得到大材。莊窠房屋採用低矮的構架和偏小的面積，也很吻合楊木的用材特點。當地的雨雪量雖然不大，但相當集中，如屋頂坡度過大，屋面黃土易被雨水衝走，屋面積雪也不便上人掃除。而且陡峻的屋面既難以利用，還會增加莊牆的高度和房屋的體積，徒增人力物力的消耗。因此選用近似平頂的緩坡屋面是十分明智的。地區文化的影響也很明顯。禮制約束的減弱，使得莊窠的佈局較北京四合院更為自由，大門的位置、朝向也很靈活。營造技術上吸收了當地藏族的某些傳統，莊牆明顯收分，斷面呈梯形，整體外觀上小下大，穩重、敦實、封閉，與藏族建築中的梯形母題非常相似。正是自然地理環境的變異和各族文化的相互吸收，使得青海莊窠脱胎於合院原型而衍生出一種充分適應地方特點、頗具地方特色的宅第類型。

莊窠佈局可分為獨院莊窠和多院莊窠。獨院莊窠的平面接近正方形（圖二一九）。多院莊窠有的雙院毗連成整齊的長方形，有的隨地形由主院延伸成多院組合的不規則形。城鎮的莊窠以集中為主，有的順著街道形成十分規則的排列。農村的莊窠多分散修建，盡量接近耕地。農户莊窠普遍附帶有車院、菜園和果園，成為土牆圍合的家園綜合體。

莊窠院內房屋有正房、廂房、倒座和轉角部位的『漏角』。這些房屋毗連成四合、三合或二合形式。通常正廂房、倒座均為三開間的基本型，前檐均出廊，形成院內觸目的檐廊環繞格局。正房多居縱向中軸的坐北朝南方位，也有靈活錯位而不對中的。正房的開間、進深、架高都與廂房相同，正廂的主次區分很不明顯。有的莊窠為突出正房，以提高正房的臺基和檐口標高的方法來彌補。正廂房都以明間為堂屋，次間為居室。堂屋與居室不拘一格，可以作多種靈活的分隔。一般堂屋沿莊牆對稱佈置家具，卧室則順窗或順山牆佈置火炕。設於轉角部位的『漏角』，進深、開間和檐高都明顯縮小，用作厠所、厨房、倉房等輔助用房。有的漏角與正房相通，日常進出正房都經漏角穿行，非紅白喜事或賓客來訪，可不開正房門。莊窠的緩坡屋頂可用來晾曬糧食、籽種和乾菜等，成為户內大面積的晾曬場。有一些莊窠設局部樓層或角樓，多用作儲藏空間，也可作居室用。

莊窠外觀完全由碎土莊牆圍合，牆體厚重，收分明顯，除大門外，没有其它孔洞，顯得非常質樸、敦實。大門的形式可分為兩種，一般是不帶門屋，僅在莊牆上闢門的牆垣式，有少數是帶門屋的屋宇式。屋宇門多位於外牆中軸線上，門上挑出披檐，既可避雨，又可起到裝飾作用。牆垣門多偏於一側，一般以青磚砌出外凸的牆垛，上部作單坡門樓，檐下飾以磚雕的花卉紋樣，形成豐美的重點裝飾。

莊窠內部的中心庭院尺度不大，由於週邊環以檐廊，提供了良好的中介空間，檐內又採用大面積的裝修，庭院並不顯得局促，室內外空間也交接得很融洽。院心多進行精心佈

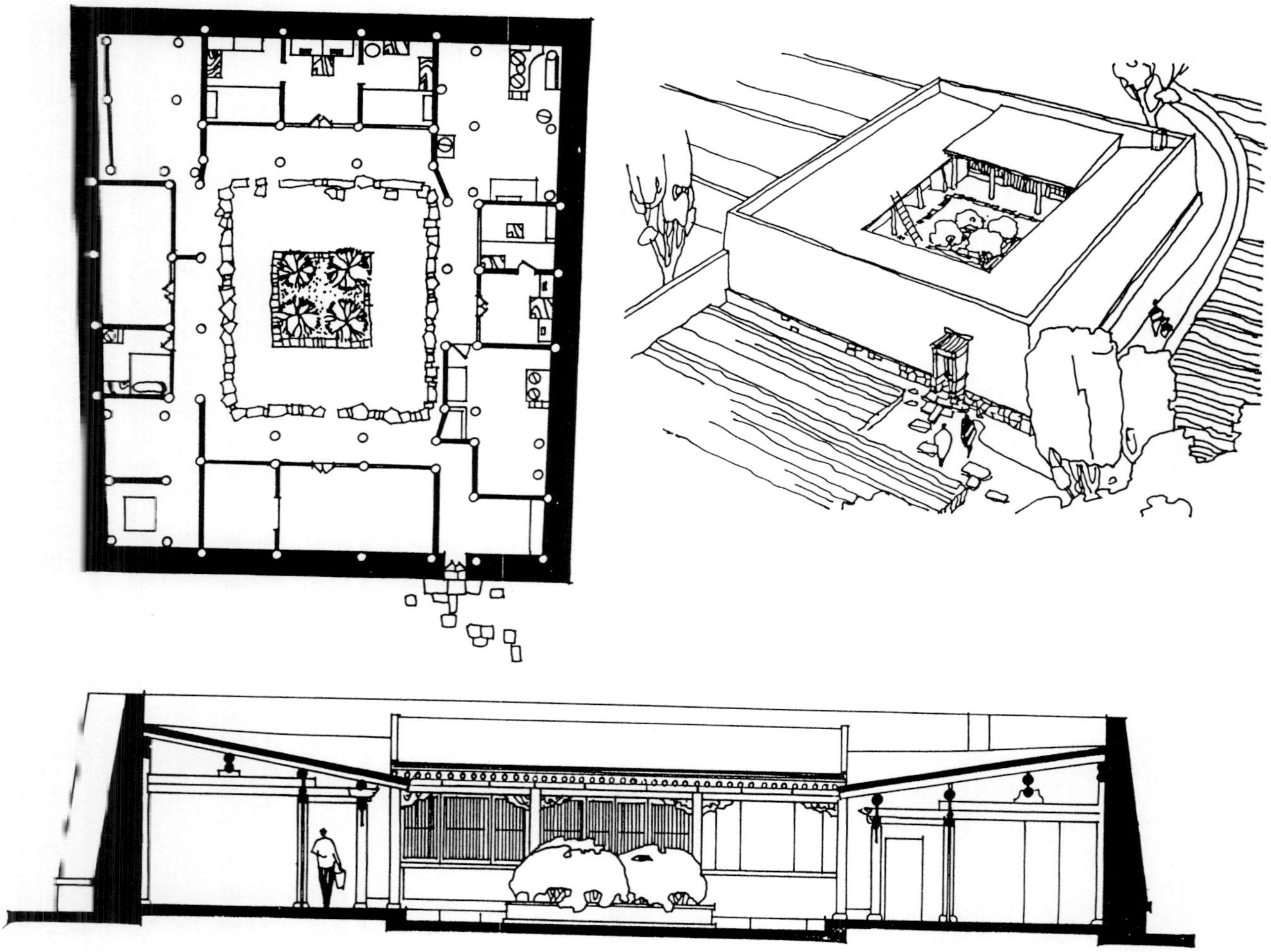

圖二九　獨院式青海莊窠的典型形態

置，種植花木，配置花臺，點綴山石，給封閉的院落注入了自然氣息，創造了宜人的居住環境和濃鬱的家居氛圍。一般檐廊都帶有木雕，花飾式樣繁多，做工頗精。門窗圖案也很豐富，窗欞、門框都加『起線』，顯得很精緻。青海氣候幹燥，木材不易腐蝕，木雕、飾件多不刷油漆，保持木材本色，雕飾豐美而色質拙樸，與莊牆外觀的敦厚粗獷，既有對比，也有協調，取得良好的鄉土韻味。

(六) 西北窯洞

中國有得天獨厚的黃土資源。在黃河中游，地跨甘肅、陝西、山西、河南等省，廣闊的黃土地帶面積達六十五萬平方公里。這裏是黃土層高度發育的地區，地質均勻，分佈連續，大部份土層厚度達五十至二百米。黃土以石英構成的粉砂為主要成份，顆粒較細，土質粘度較高，黏聚力和抗剪強度較強，具有良好的整體性、穩定性和適度的可塑性，既易於壁立，又便於挖掘，並具有防寒、保暖的可貴性能。我們的先民早在新石器時代就已利用黃土資源挖掘原始窯洞住居。到明清時期，窯洞已成為黃土地帶農村民居的主要形式，是北方漢族民居中的一支獨特的生土建築體系。

據專家考察研究，我國窯洞可分為隴東、陝西、晉中南、豫西、冀北、寧夏六個分佈區。〔三四〕在窯洞單體形式、窯洞組合、立面造型以及村落佈局等方面，這六大窯區都有各自的特點，但所呈現的窯洞類型卻是一致的，都可以歸納為靠崖窯、天井窯和覆土窯三種基本類型。

靠崖窯

是直接依山靠崖挖掘橫洞成窯。根據所處地形不同，可分為兩式：一種是靠山式，窯洞分佈在山坡、土塬的邊緣，隨著山勢沿等高線呈曲線或摺線排列，形成層層後退的臺梯式佈置。底層的窯頂常常就作為上層窯洞的前庭。當土體穩定、土坡峻陡時，也有少數採用上、下窯重疊的做法。這種靠山式窯洞群落，背靠起伏的山坡，面對開闊的川地，依山就勢削坡挖洞，既減少土方量，又能和諧地融合於自然。另一種是沿溝式，窯洞分佈在沿衝溝兩岸的崖壁土層。由於溝谷較窄，場面不如靠山式開闊，但窄溝夾岸可避風沙，並能強化太陽輻射，冬季較暖，小氣候環境好。

靠崖窯也能形成院落，當崖面呈直線型時，可加三面院牆圍成單合院；當崖面呈L形、Π形、凹弧形時，可加相應的院牆圍成二合院、三合院。也可以增建若干地面房屋形

圖三〇　窰洞的三種類型：
(一)靠崖窰
(二)天井窰
(三)覆土窰

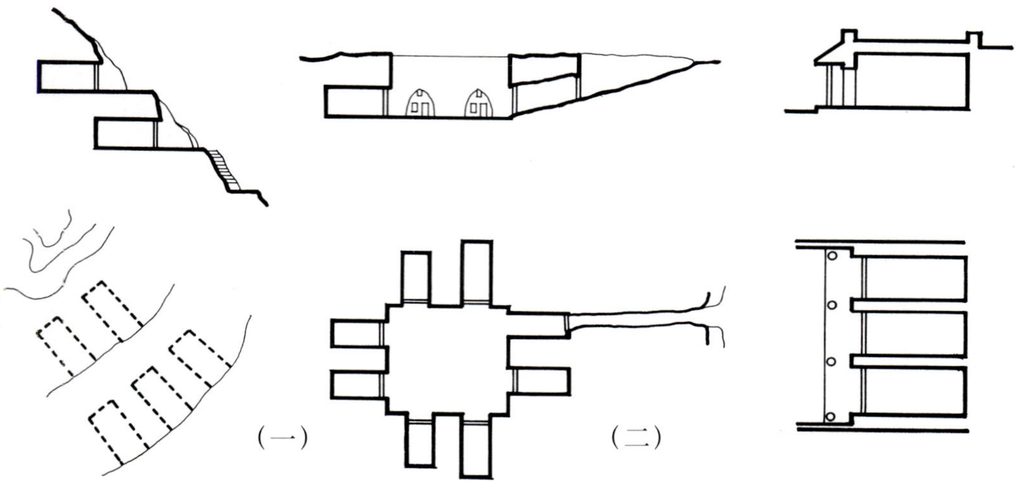

成規模較大、組合複雜的窰房聯合體院落。

天井窰

在沒有山崖、溝壁可用的平坦地帶，沒有條件作靠崖窰，只能就地挖出地下天井，形成四壁閉合的下沉院，然後再向四壁挖窰。這種方式，河南稱為『天井院』，甘肅稱為『洞子院』，山西稱為『地窨院』、『地坑院』。天井窰的土方量比靠崖窰大，佔地也較多。根據天井院與相鄰地面的不同高差，可分為全下沉型、半下沉型和平地型三種類型。後兩類實質上是靠崖窰與天井窰的混合類型，有利於改善通風、排水和入口交通。

各地天井院的規模不一。隴東的佔地最大，常見每面三孔的大方形院。晉南多為長邊三孔、短邊兩孔的長方形院。陝西長武、乾縣一帶，天井院佔地稍小，約九米見方，每邊兩孔窰，俗稱『八卦地坑窰莊』。天井院也可以由通道窰串聯形成兩進或三進的『串洞院』。

挖天井窰都選擇在乾旱的、地下水位較深的地帶。井院通常下沉七至八米，每院除住窰外，可外加專用的厨房窰、儲藏窰、井窰、磨窰以及豬圈、羊圈等。院內種植花木，設滲井排水。有的天井窰還在地面上圍出一圈地面院，形成上下兩層院落。地面院內，為了防止窰洞滲水，窰頂部位都不種植作物，而是碾平壓光作為場院。

天井院的入口處理比較麻煩，需要挖出長長的梯道，民間因地制宜創造了多種多樣的入口佈置方式；梯道的位置有的設在院外，有的設在院內；梯道的平面，有的為不轉摺的直進型，有的為拐角的曲尺型，有的為迴轉的摺返型；梯道的剖面，有的是不帶頂蓋的、敞開的溝道型，有的是帶頂蓋的、穿洞而入的甬道型。在滿佈天井窰的村落，一口口規整的坑院各自伸出不同形式的入口梯道，構成了同中有異的生動圖案，為天井窰群落增添了鄉土的風趣。

覆土窰

也稱錮窰或獨立式窰洞。它實質上是一種以土坯或磚石建造的拱形房屋，上部覆土掩埋碎實，是名副其實的覆土建築，這裏特地給它取名為『覆土窰』。常見的覆土窰有兩種做法：一種是土基窰洞。是在黃土丘陵地帶，土崖高度不夠，保留原狀土體作為窰腿，上部用土坯或半磚砌拱作窰頂，四周碎築土牆，窰頂再覆土分層碎實，做成平屋頂或鋪瓦的坡頂。另一種是磚石窰洞。在用磚取石方便的地區，可就地取材，建造磚拱、石拱窰洞，拱頂和四周覆土碎實。這種覆土窰完全是由磚石拱承重，不必靠山依崖，可以四面臨空，獨立佈置，佈局自由度較大，還可以造『窰上房』或『窰上窰』。陝北地區山坡、河谷的基巖外露，採石方便，覆土窰頗為盛行。晉中山區常將覆土窰與木構架房屋結合組成窰房混構的合院，著眼於冬暖夏涼，在合院中常常特地以覆土窰或窰上房作為正房，也有正房、廂房都用覆土窰的（圖三〇）。

從窰洞單體來看，內部空間都是帶拱券頂的橫洞。它的尺度大小不一，民間有『窰寬一丈，窰深二丈，窰高丈一』的說法（圖三一）。不同地區的單體窰洞，形式上略有差異。以隴東、陝北、山西、豫西四地作比較，單窰平面：隴東多呈外寬內窄的梯形；陝北、山西多呈等寬的長方形；豫西則呈外窄內寬的倒梯形。相應地，單窰縱剖面也是如此，隴東多為外高內低的『大口窰』；陝北、山西多為等高的『平直窰』；豫西則多為外

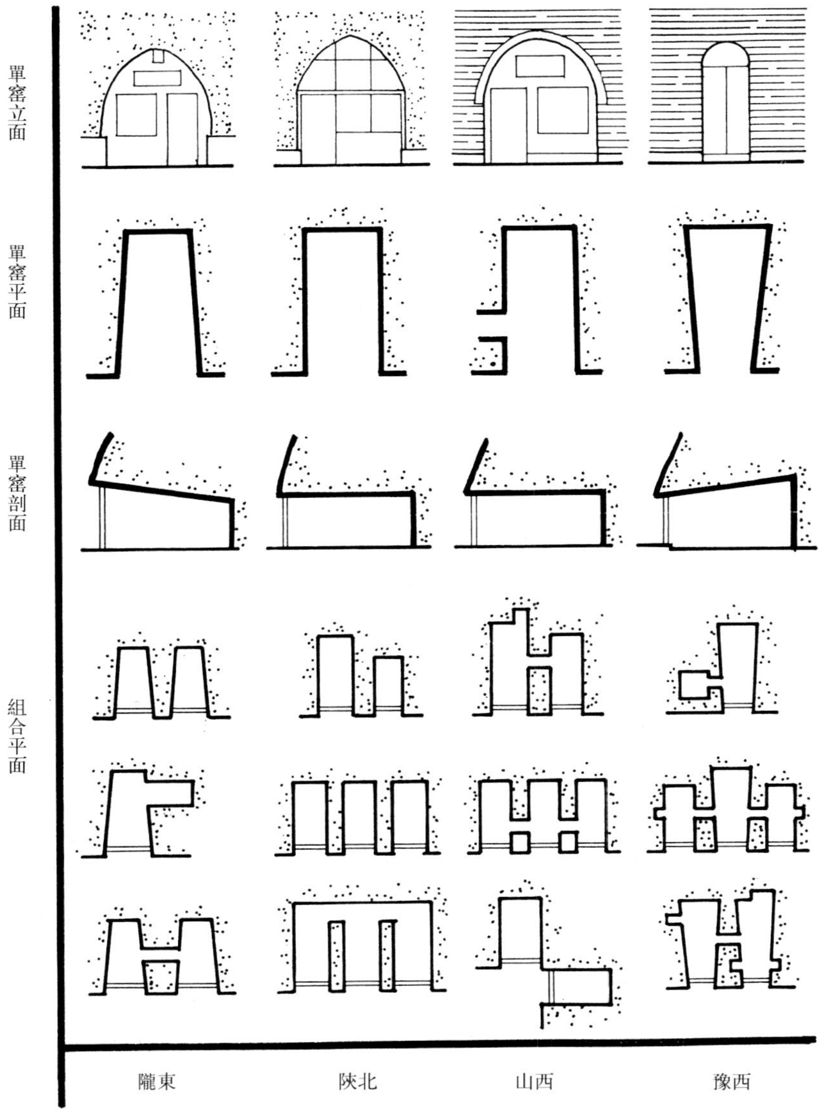

圖三一　窰洞的地區差別示意

低内高的『鎖口窰』；單窰的横剖面，各地都有抛物拱、半圓拱、雙心拱、三心拱等做法，没有明顯的地區差別。但反映在單窰立面上，卻有不同的特點。大體上隴東、山西多用一門一側窗一氣窗；陝北多為滿樘的大門、大窗、半圓窗；而豫西則往往只設一個上連半圓窗的券門，立面上没有顯現窰洞的券形。

窰洞正面的崖面，通稱窰臉，是窰洞外觀的主要顯露部份。地區間的經濟水平不同，窰臉做法有所不同。隴東一帶多為土窰臉，或加草泥抹面；陝北、山西、豫西則常用磚窰臉。隴東、渭北氣候乾旱，一般不用崖檐，而晉南、陝北、豫西為防止雨水衝刷崖面，普遍都設崖檐。崖檐有封檐和挑檐兩種做法，檐口上部設女兒牆，以磚、土坯砌成花牆。它們在美化窰洞立面上起到了重要作用。

窰洞住宅看上去土裏土氣，在空間尺度、平面組合、採光通風、排水排煙、防水防潮等方面都有很大的局限。但是它作為一種生土建築，卻有一系列引人注目的重要特點：

一是土盡其用。它可以説是最大限度地體現了黄土地區的因地制宜、因材致用，最充分地運用了取之不盡的黄土資源。它通過挖掘横向的券洞取得室内空間，利用原狀土體作為窰壁、窰頂，利用挖出來的原土，通過版築作為院牆、隔牆，或打成土坯，砌築洞口牆和火炕。黄土還用來做土臺、土踏步、土照壁、土桌、土凳、土煙道、土花池等土構件、土設備、土家具。多餘的土還可以用於平整耕地，墊廄漚肥，真可以説把黄土用到了極致，堪稱地道的土建築文化。

二是冬暖夏涼。黄土具有良好的隔熱、蓄熱的雙重功能。窰洞除小面積的洞口部位相對單薄外，其餘各面全包裹在厚厚的土層中。黄土高原乾旱地區的季節性和日温差雖然較大，但厚實的土層所起的隔熱作用使土内温昇較低，日温波動在厚層土中影響甚微。這些給窰洞帶來了十分可貴的冬暖夏涼的熱環境。

三是減法構築。靠崖窰和天井窰都是名副其實的地下建築。它不同於一般地面建築，不是投入建築材料以構築空間的『加法』方式，而是挖去天然材料以取得地下空間的『減法』方式。土方挖去越多，窰洞空間和地坑空間就越大。這種『減法』構築是以天然土材的掘出以取代其它建築材料的投入，實質上是以挖掘土方的勞力換取材料物力的消耗。這當然是對於建築材料的最大節約。由於黄土易於挖鑿，一家一户的勞動力都有可能承擔，換取物力所投入的勞力並不十分繁重，因此窰洞的造價甚低，具有極顯著的經濟性。

四是融入自然。窰洞村落具有『上山不見山，入村不見村』的特點。靠崖窰只展露出小面積的洞口立面，天井窰的井院和窰臉都下沉於地下。與一般地面建築相比，没有觸目的外顯建築體量。整個窰洞群落都最大限度地與黃土大地融合在一起，充分保持自然生態的環境風貌。無論是遠觀層層疊疊、依山沿溝的靠崖窰群，還是俯視星羅棋佈、虛實相間的天井窰群，都給人一種天然、雄渾、富有韻律感的美。窰洞的土崖面、土院庭、土圍牆，地道的黃土質感和色彩，也給人以淳樸粗獷、鄉土味極濃的美感。

五是窰屋組合。窰洞的空間組織雖然受到很大限制，民間匠師採取窰屋並用的方法有效地突破了這個局限。一些地主莊園的窰屋混構組群可以達到很大的規模，形成相當豐富的多院落、多層次的空間組合。陝西米脂縣劉家峁的姜耀祖窰洞莊園是這方面的一個典型實例。 這組莊園修建在陡峭的峁頂上，由靠崖窰、覆土窰與木構架房屋混構， 組成主庭、中庭和管家院上、中、下三層窰院，外圍築以高牆，設碉堡、角樓，形成不規則的城堡。整個組群順依地形，既有明確的主軸線，又有高低錯落的變化，加上陡峭的蹬道、曲摺的涵洞和月洞門、垂花門的穿插，空間抑揚收放，處理得很豐富。河南鞏縣康店村的康百萬莊園也有異曲同工之妙。這組莊園始建於明末清初，經歷年續建，形成了包括靠山崖窰七十孔和木構房屋二百五十間的龐大窰屋混合體。整個組群依於邙山腳下，隨山順勢佈置五個院落，沿階地土崖以磚石砌出帶雉堞的圍牆，設涵洞式寨門，具有森嚴的城堡氣氛。佈局上充分利用地形，宜窰用窰，宜屋用屋，窰屋的聯結和院落的毗連都處理得很自然、妥貼。

三　北方漢族宅第的藝術特色

宏觀地考察北方漢族宅第的藝術特色，有兩點最為觸目：一是以北京四合院為代表的官式宅第建築，如同宮殿、壇廟、苑囿、陵墓、衙署等官式建築一樣，屬於高度程式化的木構架體系建築，無論在宅第組群的總體佈局、院落組織、空間調度，還是在宅屋的造型、配置、方位、間架、尺寸、屋頂、裝修以至材質色彩、細部紋飾等等，都經過長期的篩選、陶冶，形成一整套嚴密的定型程式，表現出高度成熟的官式風範；二是廣佈在北方大地的漢族宅第，儘管各地宅院格局不盡相同，構築體系、用材做法和宅屋外觀呈現出種種鄉土差別，但在藝術格調上都反映出一種與南方宅第的輕展靈巧截然不同的性格，表現出質樸敦厚的北方風貌。下面主要圍繞這兩點展述。

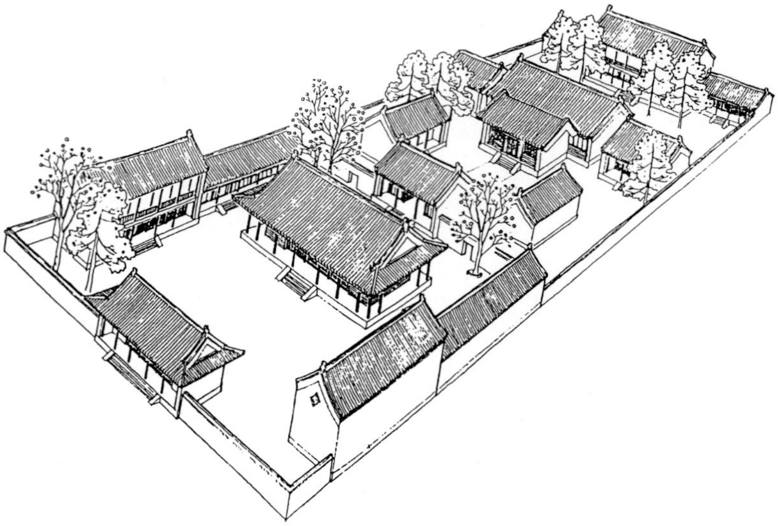

圖三二 王府的『坎宅離門』佈局。北京寧郡王府鳥瞰

（一）高度成熟的官式風範

北京四合院是以木構架體系的技術手段，創造了充分適應宗法制家庭的住居場所。它從京畿的地域性轉化為官式的正統性，從民間建築的俗文化注入了精英建築的雅文化，擺脱民居的鄉土局限而上昇為通用的規範程式，成為中國封建社會高度成熟的、最具代表性的一種宅第範式。

在建築構成和空間佈局上，它充分體現了宗法制度和倫理教化的需要，以空間的等級區分了人群的等級，以建築的秩序展示了倫理的秩序，整個四合院格局成了尊卑有等、貴賤有分、男女有別、長幼有序的禮的物化形式。值得注意的是，經過長時期的篩選、陶冶，官式宅第的這種倫理教化功能與當時的安居功能在很大程度上是合拍的。禮樂相濟，這種禮的規範形制與木構架體系建築的藝術表現規律也是相當吻合的。週邊密閉的院落，既提供了界域明確的，世代共居的，以家長為主宰的獨立小天地，也獲得了『結廬在人境，而無車馬喧』的高度寧靜、安全的住居環境。內向的、一正兩廂的核心庭院，既滿足了禮教所追求的正偏、主從關係，也解決了大家庭內部各個小家庭的相對獨立的私密性要求和相親相助的親密聯係。縱深的、嚴整對稱的組群佈局，以居中的內院為主體，以長輩住居的正房為核心，當中的堂屋供奉著祖先牌位，如同微型的祠堂。這裏既突出了祖宗的尊崇和父權的威勢，也以端莊、凝重的氛圍和強烈的向心力、內聚力強調出主體空間的主旋律。院落重重，庭院深深，縱深軸線在這裏既是起居生活的行為主線，也是建築時空的觀賞動線，建築的空間表現力得到充分的展現，建築的時空性也得到充分的發揮。

在建築藝術表現上，封閉內向的四合院佈局，使得宅第的主要建築，包括正房、廂房、廳房等都深藏於宅院內部，臨街的倒座也是背向胡同，整個組群只有大門朝外，風水術把它視為全宅的『氣口』。這個大門門面既是整個宅院空間序列的起點，也是整個組群最突出的外向形象，自然成了四合院住宅對外的展示重點和建築藝術的表現重點。大門的形制、規格成了全組建築重要的等級表徵，是房主人階級名份、社會地位的門第標誌。因此，無論是從門第意識、風水觀念，還是從藝術表現、空間調度上，四合院主入口的門面經營都被提到極重要的高度，受到極認真的關注，建立了一套嚴格精到的程式：

在定位上，只要是坐北朝南的坎宅，大門必定處在東南角的巽方，構成北派風水所追求的『坎宅巽門』的吉利格局。這個大門没有按常規居中，而偏置於左前隅，避免了路人的通視，有利於宅內的私密、安寧和入宅空間的迂迴變化，確有它的吉利之處。只有王府大宅才將大門設在中軸線上，成『坎宅離門』格局（圖三二）。這是因為王府有多重殿屋，內宅退後，大門坐中無礙於私密而有利於觀瞻，應該說這兩種大門定位都是很得體的。

定型規制為大門建立了完整的等級系列，王府和高品官大宅，用很有氣勢的『五間啟三』、『三間啟一』的『王府大門』。低品官和庶人都只許用單間的門面。在單間門面中，又依門框檻安裝位置的不同而分成幾種定式：有安裝於中柱位置的『廣亮大門』（圖三三）；安裝於金柱位置的『金柱大門』；安裝於外檐柱位置的『蠻子門』和在檐柱位置有

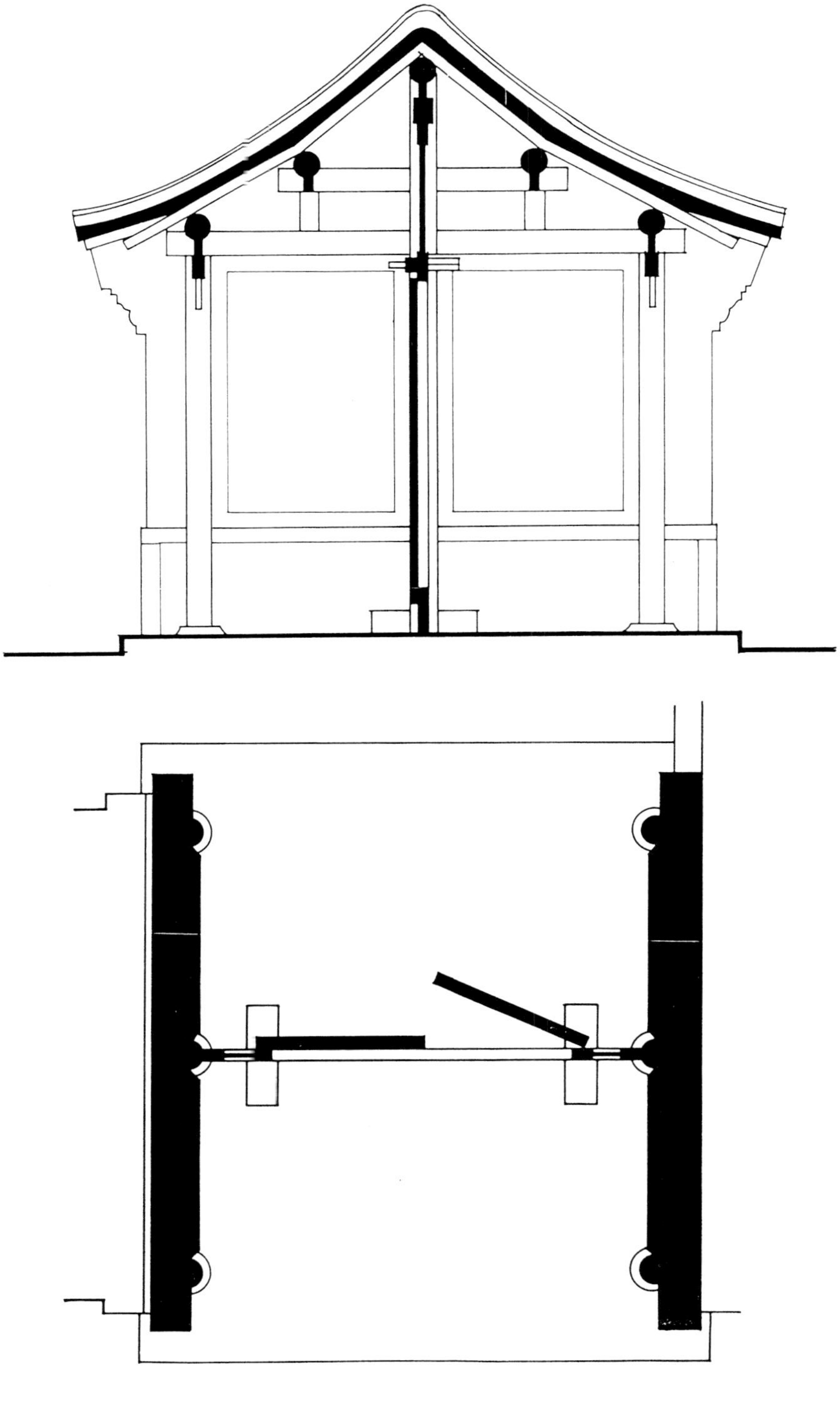

圖三三　北京四合院廣亮大門示意

磚砌成窄小門口的『如意門』。這幾種單間門定式，以廣亮大門等級最高，須有相稱的官品地位才准使用。一般庶民宅第則用金柱大門、蠻子門、如意門，後三種門實質上都是廣亮大門的變體，生動地體現出程式化門制靈活的適應性。

大門的權衡尺度也建立了一套獨特的定制。門口的寬度充分考慮到宅門的實用功能。工匠有句行話：『街門二尺八，死活一齊搭』，就是從實踐中總結出來的門口的必要尺度。風水、禁忌則以『門光尺』來測定門口的具體尺寸。一門光尺等於一點四四營造尺，分為八等份，門口需要符合『財、義、官、福』四吉尺寸而避免『病、離、劫、害』四凶尺寸。這樣篩選出一組合用的門口尺寸系列，而捨棄其它尺寸。這種以尺寸象徵吉凶的做法顯然是一種迷信，但無形中起到了框定門口規格的作用。值得注意的是，在廣亮大門中，門屋的開間面闊遠大於門口的寬度，門屋的脊枋舉高也遠大於門口的高度，如果說門口的尺度是切合實用所需的功能尺度，那麼由抱框和上下檻組構的整個框檻形象則是門口的審美尺度。在這裏審美尺度超越功能尺度，是為了顯赫門面而採取的尺度放大。大門的定型程式提供了很方便的放大手法，在高度上以走馬板來填充，在寬度上以餘塞板來填充，可以靈活地調節不同的放大值。從這個角度來看，金柱大門、蠻子門顯然是依次減少了高度上的放大值，如意門則以磚砌的小門臉取代了框檻的放大值，由此調節出大門形象的不同氣勢，充分顯示出定型程式的精細、週到。

大門不是孤立的，北京四合院有一套運用影壁組織門面空間的定型做法。影壁分兩種：一種是設於大門之外，有位於大門對過，倚著對面宅牆的一字影壁和八字影壁，有位於大門兩側八字撇開的撇山影壁，這些影壁有效地從胡同中圍合出一個過渡性的門面空間，界定出門面領域，擴大了門面形象，顯赫了門面氣勢。另一種是設於大門之內，附著於廂房山牆的跨山影壁。跨山影壁屏隔了入門的視線，提供了良好的入門對景，並與兩側的屏門、院牆一起圍合出小巧的入口小院，豐富了宅院的空間組合和空間過渡。這些影壁大多帶有精細加工的雕飾。有的採用硬心做法，壁心用方磚磨磚對縫斜置，中心雕飾子蓮、九世同居、鳳凰牡丹、荷葉蓮花等花樣，四岔雕飾菊花、牡丹花、松、竹、梅等花樣。有的採用軟心做法，壁心抹灰呈白色粉牆，掛上『平安』、『迎祥』、『鴻禧』等字樣的吉祥字匾，顯得典雅秀麗，頗有風致。

大門還結合具體的構造做法，衍化出一整套定型的門飾，並賦予門飾以等級標誌的意義。如承托門扇轉軸的門枕石，明確地分為高低兩檔。低檔者僅用光素的條石，高檔者則把枕石外側做成方的幞頭鼓子或圓的鼓石，幞頭、鼓石上分佈著轉角蓮、寶相花、如意紋

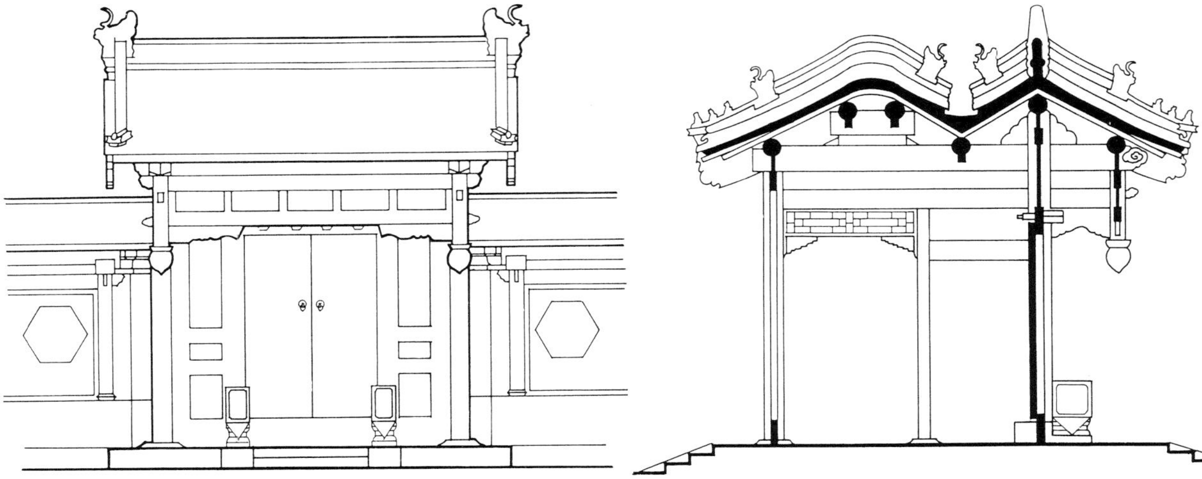

圖三四　一殿一捲式垂花門示意

和蹲獅、站獅等精美雕飾，把枕石衍化成了大門的隆重裝飾。與門枕石相呼應，一種用於固結連楹與中檻的銷木，也被強化為大門的重點裝飾。這個小構件美稱為門簪。它的數目是門第等級的醒目標誌，府邸大宅用四枚，一般宅第只能用兩枚，定型做法把門簪處理得很細緻，簪頭斷面呈六角形，角上做柔和的梅花線，簪頭看面因是木材橫截面，不能雕鏤，特用一塊木板鑲貼，稱為『鬼臉』，上刻四季花草或福壽、平安如意之類的吉語，把一個起銷釘作用的小構件轉化成了極富裝飾性、標誌性的門飾配件。大門的門扇也是如此。構造所需、功能所需的門釘、門鈸、門鐶也都成了裝飾門面的手段和標誌門第的符號。《大清會典》規定：親王府制；『門釘縱九橫七』；世子、郡王、貝勒、貝子，『金釘減親王七分之二』；『公門鐵釘縱橫皆七，侯以下減至五』〔三五〕一般宅第的大門是絕對不許擅用門釘的。門鈸、門鐶和門扇的油漆色彩也有明確限定。如明制規定公侯用金漆獸面錫鐶，一、二品用綠油獸面錫鐶，三至五品用黑油錫鐶，六至九品用黑油鐵鐶。〔三六〕門的規制詳盡到門釘的數量、門扇的油色、門鈸的樣式和門鐶的材質都一一限定，可見大門的程式化、規範化達到何等細膩的程度。

不僅大門如此，官式宅第中的每一座單體建築都是如此。位於宅院內部的垂花門的設計意匠也是很值得注意的（圖三四）。垂花門是內院的入口，是分隔內院與外院、內宅與外宅的一道分界門。通常它就處在倒座與正房之間的二門位置，在有廳堂的多進院中，則移到廳堂之後，呈『前堂後寢』格局。垂花門以前檐挑出兩根垂蓮柱為其形象特徵。它有多種形式，一般宅院中的垂花門多為一殿一捲式，其屋頂是由前部起脊頂與後部捲棚頂組合成的勾連搭懸山頂。這種垂花門面闊僅一間，進深反而比面闊稍大，為避免進深大於面闊導致屋頂過高，比例失調，採取勾連搭屋頂是非常明智、妥貼的。垂花門前檐兩側聯以看牆，後檐兩側聯接抄手廊。前檐柱安裝框檻和棋盤門，後檐柱安裝屏門。屏門平時關閉，可屏隔視線，保持內院隱蔽安寧，人流從側面抄手廊進出。遇有婚、喪、嫁、娶等重大活動，將屏門敞開，可取得內外院空間的通暢、融匯。垂花門有大式與小式之分。王府大宅用大式，一般民宅用小式。無論是大小式，垂花門都是宅院內部的裝飾重點。它有一整套的屋頂瓦飾，大式調大脊，飾吻獸；小式調清水脊，脊端飾『草盤子』、『蝎子尾』。它有一整套常規門飾，包括門枕石、門簪、門鈸、門鐶，一應俱全。它還添加了一套集中於垂柱挑檐的特有裝飾：這裏的倒懸垂柱頭，雕著仰覆蓮、風擺柳、四季花；垂柱之間聯以簾籠枋、罩面枋和透雕花草的花板；罩面枋下面安裝著雕有番草、如意草的雀替；如不裝雀替，則代以精細的花罩，花罩上滿佈著透雕的子孫萬代、歲寒三友等圖案。這麼多的雕飾集中在一起，再加上檁枋的紅綠油漆和掐箍頭彩畫，把垂花門修飾得十分華麗，在總體素雅的宅院中，形成了突出的對比。

從宅第的生態環境來看，北京四合院也是很有特色的。封閉的格局把它與宅外大自然的山水花木隔離開，切斷了宅屋與外部的生態聯係，而庭院式的佈局卻提供了一個個露天的院庭和露地，為創造宅內生氣盎然的生態環境準備了條件。

四合院的院庭不僅起到收納陽光、阻擋風沙、潔净空氣、隔絶噪聲、擯除喧鬧的净化作用，而且濃縮了自然生態。這裏可以種植棗樹、槐樹、丁香、海棠、迎春、紫荆；可以盆栽石榴、金桂、銀桂、杜鵑、夾竹桃；可以水生荷花、睡蓮、西河柳；可以擺設魚缸，點綴景石；可以形成滿院綠蔭、一庭芳香；可以引來蜂飛蝶舞、蟬噪鳥鳴；可以體味清風徐來，皓月當空。四合院的建築，立面內向，環抱中庭，形成了擁抱自然的態勢。主要房屋的前檐大多出廊，以亦內亦外的廊下空間完成室內外空間的自然過渡。前檐裝修滿佈大片的支摘窗和夾門窗，它們都很單薄、靈巧，淡化了室內外空間的隔斷，更加密切了住居環境與自然生態的有機融匯。至於王府和高官顯貴的大宅，多數都帶有或大或小的花園，宅第中更進一步昇華出一片富有詩情畫意的園林境界。

從以上分析不難看出，以北京四合院為代表的官式宅第，凝聚著深厚的歷史文化積澱，充份展現出官式風範的中和的美、規範的美、成熟的美。這裏體現著禮與樂的統一，等級性、規範性造就了嚴整、端莊、凝重、和諧的建築品格，也吞噬了建築的個性品格，四合院建築顯得過度的劃一而欠缺因人而異、因屋而異的個性化風采。高度定型的程式化形制，經過長時期去蕪取精的篩選、錘煉，許多做法、樣式都夠得上典範化的水平，也帶來了難以避免的拘謹、板滯，欠缺鄉土建築的率真、活潑，嚴謹有餘而灑脱不足，拘於成規而阻礙創新。這些正是官式風範的高度成熟現象，既反映出官式宅第體系爐火純青的成熟性，也反映出官式宅第體系趨向僵化的衰老性。

（二）質樸敦厚的北方風貌

與南方地區相比，北方大地氣候相對寒冷，用地相對寬鬆，地形相對平整，鄉土材料相對單一，民間經濟文化發展相對滯後，民風也比南方淳樸、憨厚、粗獷。正是自然風情、文化習俗和鄉土建材等諸多因素的綜合制約，使得北方各地民居普遍呈現出質樸敦厚的風貌特色。

在群體佈局上，平原型的構成和離散型的組合帶來村鎮聚落和宅院總體整齊方正的格局。

江南河系如織，山清水秀，風光綺麗，民居聚落依山傍水，順形就勢，高低錯落，輕靈多變。北方大地廣袤，山河壯美，雖不乏山地河澤，由於人口相對稀疏，聚落選址常在平坦地段，大多屬於平原型構成。地段的寬鬆和地形的平整為村落和宅院的規整佈局提供了有利條件，同一地區的鄉土建築形式分外統一。加上氣候寒冷，需要充足日照，正房都力求坐北朝南。這使得北方單體平房和合院住宅的總體佈局多呈定型的格式，端正的方位，劃一的標高，均勻的分佈，整齊的排列。宅院的內部構成也與南方迥然不同。南方偏於毗連型，包括雲南『一顆印』，廣東『四點金』，福建『廳井院』，浙江『十三間頭』以及蘇、皖、贛、川等地的宅院，正房與廂房都是聯接成一體的。而北方多為離散型，如東北大院、北京四合院和晉陝窄院都是正廂房分離的格局。這是為取得充足日照，要求『廂不壓正』而拉開了正廂房的距離。宅地的寬鬆也為拉開距離準備了條件。氣候越寒冷，用地越寬鬆，這種離散的程度就越顯著。不難看出，毗連型的構成是在宅地上滿鋪成片的房屋，中庭和邊角留出一口口尺度不大的、供通風採光的天井，結合不規則的地段，隨宜地組合成靈活多變的空間和錯落有致的外觀。而離散型的佈局，使各棟單體建築相對獨立，呈現一進進規則的庭院和一棟棟定型的宅屋。這裏的空間比較刻板、平淡，這裏的房屋都是硬山、懸山的統一定式，既缺乏順依地形的高低錯落變化，也缺乏諸如南方的封火牆之類的建築輪廓變化。宅院的臨街立面也很樸實，通常顯現的都是大片平素的院牆或倒座房的後檐牆，全靠大門和門樓不同規格的制式和不同程度的修飾，以取得宅舍不同風采的門面。

遼寧興城民居的佈局可以説是這種平原型構成的代表性實例（圖三五）。興城古城即明代的寧遠城，清代的寧遠府，始建於明宣德五年（公元一四三〇年），現仍保存著完整的城牆、城樓、鼓樓和石坊等。城內分佈著大片傳統民居，雖然絕大部份是民國初年遺留下來的，仍反映出很濃厚的歷史傳統風貌和遼西地區特色。因當地風沙很大，大部份宅屋都用低矮的弧形囤頂。宅屋格式高度統一，體量低平，體形單一。標準宅院由前院、內院和後院組成。各棟建築離散，左右對稱。大門居中，雖然門屋達到五開間，門面仍很簡樸。全城劃分成橫平豎直的棋盤式街巷網絡，排列著十分均勻整齊的宅院。規則的單體，規則的院落，再加上規則的群落，以極端的規整顯現出幾分質拙，幾分板滯。

當然，北方地區的宅院並非都是離散型的，青海莊窠就屬毗連型合院，但它的外觀顯

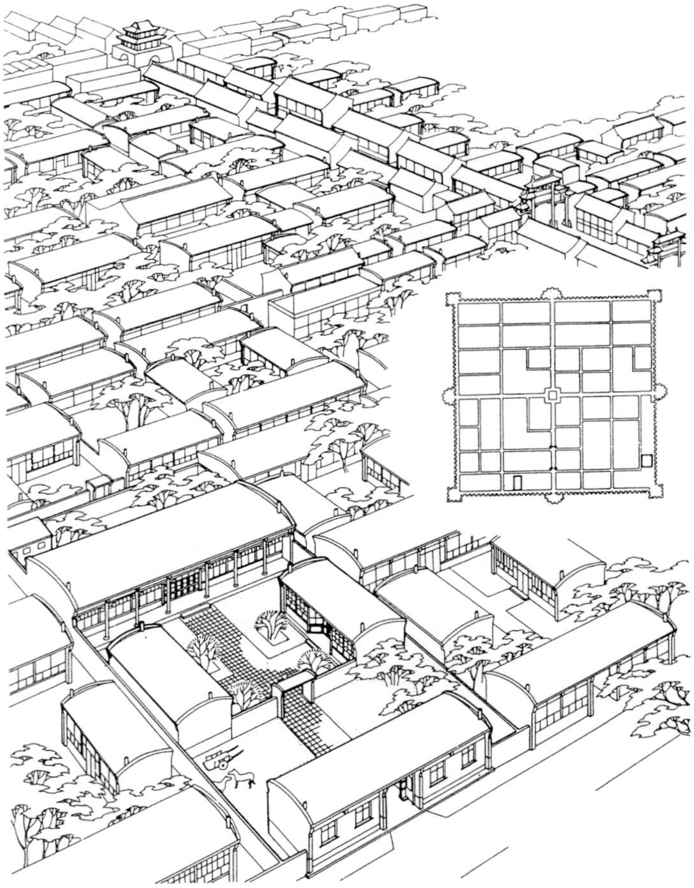

圖三五　高度規整的興城民居佈局

現為高原封閉的土築莊牆，整體風貌仍然是質樸粗獷的。北方地區也並非都是平原型的聚落，廣闊的黃土地帶，梁峁起伏，溝壑縱橫，地形變化萬千。分佈在這裏的窰洞群落，或是順著梁峁溝壑的等高綫佈置，或是潛隱在大片的土塬之下，它們依山沿溝，層層疊疊，自由參差地高低起伏。由於窰洞自身不顯建築體量，它們都最大限度地融入黃土大地，統一在黃土質感和黃土色彩之中（圖三六）。這裏的高低起伏帶來的不是南方特色的輕疊靈巧，仍然是北方風韻的古樸粗獷。

在建築體型上，建築空間被厚重的實體所枷鎖，並受到構架性能和採暖設施的牽制，導致建築單體體量規整，體態敦厚（圖三七）。

從建築空間與建築實體的制約關係來看，北方宅屋有三點與南方不同的、值得注意的特點：

一是受厚重實體的牽制。南方氣候炎熱，民居的牆體、屋頂都可以做得十分單薄、輕

圖三六　天井窰最大限度地融入黃土大地。山西平陸槐下村天井窰群鳥瞰

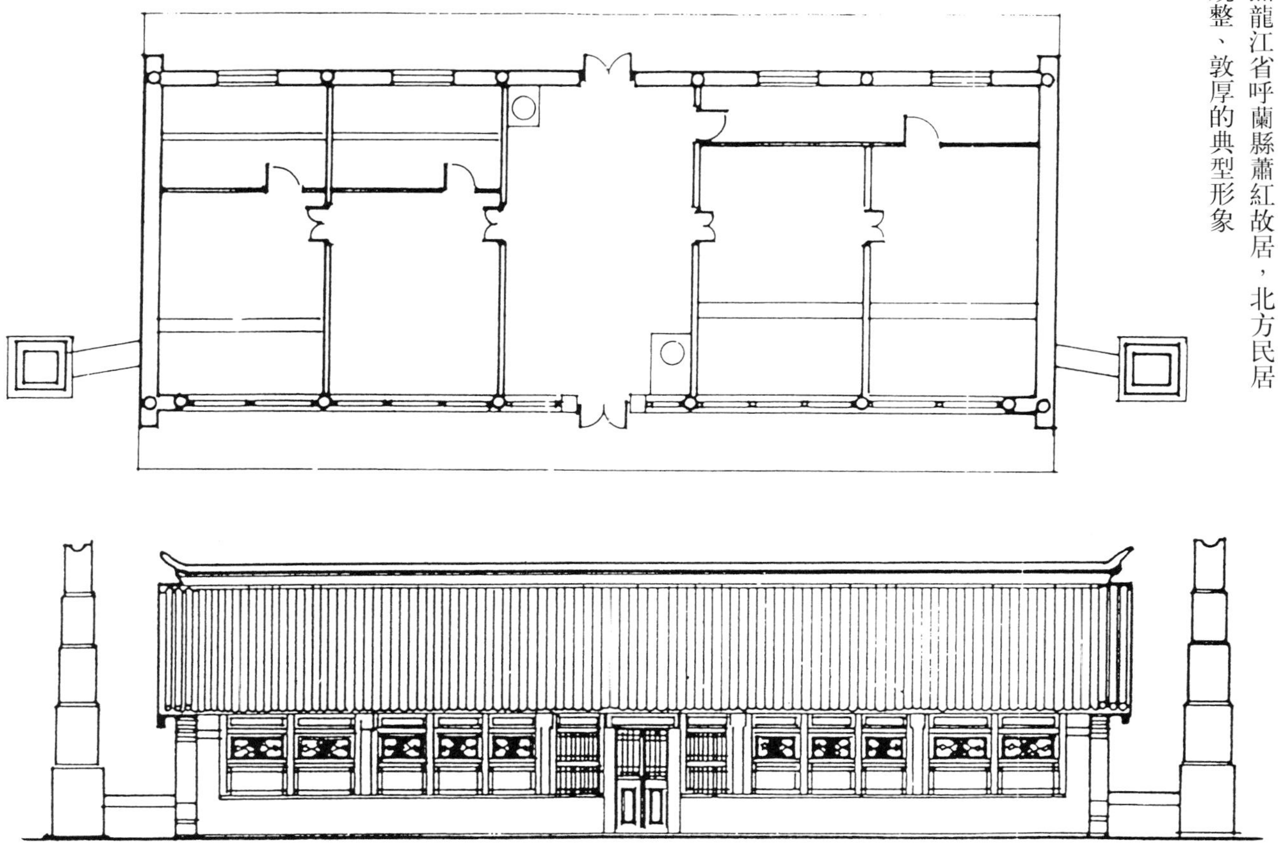

圖三七　黑龍江省呼蘭縣蕭紅故居，北方民居規整、敦厚的典型形象

巧，建築空間處於較主動的地位，可以較自由地伸縮、凹凸，較方便地展延、通透，建築實體可以順從地適應建築空間種種靈活處理的需要；而寒冷的氣候則不可避免地給北方民居帶來厚重的牆體和厚重的屋頂，使得建築實體十分笨重，而不便於凹進凸出，建築空間受到實體的嚴格枷鎖，不得不呈現規整的體形。

二是受構架性能的牽制。南北方的宅屋，同樣以木構架為主要結構體系，南方民居用的是穿斗式構架，而北方民居用的是抬樑式構架。這兩種構架都不帶斜桿，未能形成三角桿件的穩定構成，其剛度主要依靠榫卯的緊密結合。北方的厚頂厚牆，以厚重的圍護結構起到了穩定構架的作用，而南方單薄的圍護結構則不足以穩定構架，這是北方民居採用承載力較強的抬樑構架，而南方民居採用自身剛度較強的穿斗構架的一大原因。穿斗構架的密集支點和穿枋的靈活穿插，提供了構架較自由的伸縮、展延、重疊、迭落、懸挑、銜接、毗連等靈活性，有利於適應不同的空間組合，不同的地形起伏和不同的外觀造型。抬樑構架則欠缺這樣的靈活性，從結構上約束了建築形體的靈活度。

三是受採暖設施的牽制。北方民居普遍採用火炕取暖，火炕需要與竈臺毗連，以便於利用炊火餘熱，這就導致臥室與廚房的緊密連接而牽制了整幢房屋平面的靈活變化。

這三方面的牽制，再加上前面提到的地形平整、地段寬鬆的制約因素，爭取向陽日照而使房屋離散的制約因素，使得北方民居的建築單體最大限度地保持著長方形的規則平面。大量的宅屋都呈『一明兩暗』的三開間基本型，平面的變化基本上局限於開間的調整，或縮小為兩開間，或延伸為五開間，在進深方向幾乎沒有凹進凸出，連官式住宅中凸出抱廈的做法，在北方民居中也很罕見。這種執著地保持規則的長方形平面，在功能上可以保証各個居室均有前檐的充足日照，在技術上可以保証牆體的平直和屋頂的規整，對室內空間則形成十分嚴格的限制，致使北方民居的室內空間顯得特別規整、平淡而缺乏靈活的變化。像浙江民居那種重疊樓層、閣樓，設置夾層、樓井，連接披屋、敞棚，延伸挑廊、走馬樓，懸出挑窗、檐箱，充分利用山尖空間、披檐空間、腰檐空間等等擴充空間、擴大空間的做法，在北方民居中基本上都行不通，堵塞了擴展空間的途徑，逼使北方民居在空間經營上選擇了在有限空間中充分發揮多用途的路子。不難看出，炕上空間的利用是這一現象的集中體現。首先，睡炕較之睡床，容納的人數多得多，提供了最大的睡眠空間；其次，在炕上擺放炕桌，睡眠空間兼作了進餐空間和會客空間；再則炕上溫度最暖，臨窗光線最佳，家人休閑和家庭主婦的許多縫補家務也多上炕。這樣炕上空間實際上兼有睡眠、餐飲、會客、休憩和家務活動等諸多用途，可以說是把空間多功能發揮到淋漓盡致。但在室內觀感上，這樣的空間難免顯得單一、刻板，欠缺智巧的活變，而偏於原生態的粗拙。

這種劃一的長方形平面，在建築外觀上也使得同一地區的民居，呈現基本相同的鄉土定式，普遍的面貌都是單一材質的厚牆包裹的單一形體，前檐為爭取日照，安裝較大片的『檐裏裝修』或『金裏裝修』，後檐和兩山為保温防寒而不開窗或只開小窗，屋身顯得十分厚實、密閉。俗話說：『山看腳，房看頂』，屋頂是傳統建築形象最具表現力的部份。穿斗構架支承的南方民居屋頂，以深遠的挑檐，輕快的起翹，靈活的迭落，豐富的搭接以及各式各樣飛揚的屋脊和飄逸的封火牆，表現出輕盈、靈巧、灑脱、豐美的意趣；而北方民居的屋頂，則局限於硬山、懸山、囤頂、平頂等簡樸的定式，没有屋頂的豐富組合，没有封火牆的優美剪影，没有深遠挑檐、飛揚屋脊的輕快灑脱，而以簡潔的形體，單純的材質，厚實的屋面，平直的檐口，樸拙的脊飾，表現出質樸、敦實、憨厚的品格。

北方的部份地區也有一些民居呈現南方的風貌特色，如陝南洵陽、略陽一帶的民宅，普遍都是毗連的、高低錯落的體形，都帶閣樓、腰檐，都用穿斗構架，都挑出很深的挑檐，顯得輕快靈巧。這是因為這裏毗鄰四川，處於南北方的中介地帶，氣候、地形都帶有南方特點，自然反映出許多南方的風貌特徵。這可以進一步說明地區氣候和地形環境對民居風貌的制約是何等深刻。

北方民居整體風貌的質樸敦厚，並不意味著細部處理的簡略、粗率。《考工記》提到：

> 天有時，地有氣，材有美，工有巧。合此四者，然後可以為良。

在細部處理上，擅長『粗材細作』，突出重點裝飾，取得『粗中有細』的審美韻味。重視材美工巧是中國工藝、技術的悠久傳統。民居建築限於財力、物力和等級規制，主要依賴價廉易取的鄉土材料，普遍採用『粗材』。中國民居積澱了一個十分重要的傳統，就是重視『粗材細作』，善於通過細作來優化粗材的材美，通過工巧來精化建築的細部。在北方民居中，這種『粗材細作』主要呈現在以下幾方面：

再造肌理

對於粗材的天然色質，没有停留於單一材質的運用，而是注意不同材料的異質配伍；没有停留於『一次肌理』的簡單運用，而是注重『二次肌理』的重組再造。這在砌牆、鋪瓦、鋪地等環節都有明顯表現。例如磚牆、石牆的砌縫組織，仰瓦、蓋瓦的壟組織，花牆、牆帽的花瓦組織，室內鋪地的磚縫組織，花石小路的紋理組織等等，都是在同質材料

『一次肌理』的基礎上，利用其構造組合和砌縫紋路而再造出富有裝飾性和表現力的『二次肌理』。而牆體、梁柱、屋面、裝修等不同構件之間又構成不同材質的對比和調適。對於較大面積的同質材料，還很注意結合構造進行細膩的肌理變換。如陝西關中民居的土牆常用硶土與土坯結合的做法。牆體下堿部位作硶土牆，上身部位作土坯牆，每隔三至四層坯，砌一層青磚加固牆體，土坯牆面抹上麥草泥，青磚外露形成青灰色的水平帶，上身退進的花堿部位鋪小青瓦披水。這樣，原本平淡的單一肌理妥貼地轉換成了多樣的復合肌理。官式宅第中的山牆、後檐牆，下堿與上身選用不同磚材的材質和砌法，也體現出這種意匠。北方殷實人家的宅屋，還把下堿、照壁等重要牆面採用『磨磚對縫』的乾擺砌法，更是一種化粗材肌理為細材肌理的考究工藝，可以取得細膩、素潔的高雅效果。

昇華圖案

建築構件提供了一系列幾何形態的線條，把這些線條從構圖的角度加以組織，使之昇華為富有裝飾性的圖案，是建築藝術處理的一種基本方式。傳統民居十分注意通過這種方式達到粗材細作的效果。在北方民居中，這一點最集中地表現在門、窗、隔扇、花罩等內外檐裝修上。因為裝修屬於小木作，材質易於加工，自身不承受荷載，用材截面較小，組合自由度較大，與牆體形成虛實、剛柔、粗細的對比和材質、色彩的變換。特別是門、窗、隔扇上的隔心部份，由於窗紙窗紗都需要密集的支點，導致隔心採用均勻的密欞。這些通透的密欞就成了組構圖案的理想部位。

北方民居善於採用工藝簡易的直線欞條來組構質樸的隔心圖案。形成了正方格、斜方格、方勝、盤長、席紋、風車紋、冰裂紋、碼三箭、步步錦、龜背錦、燈籠錦、套方錦、十字花、四方間十字等定型的圖式；財力雄厚的還進一步採用曲線欞條， 組構成套環、如意、海棠、梅花、鱗紋、十字如意、十字海棠等圖式。這種處理使裝修的構造形式昇華為形式美的圖案形式，木質的構成昇華為富有裝飾性的圖案構成，以圖案的形式美彌補了粗材質地的欠缺，以通透明快的圖案化裝修反襯厚重敦實的實牆體，形成了良好的互補效果。這些圖式中有的還嵌入帶吉祥語義的圖案，如萬字、壽字、喜字、吉祥草、萬年青、花瓶、漢瓶等，豐富了民居形象的文化內蘊。

重點裝飾

細察北方漢族民居，在質樸敦厚的總體風貌中，也包容著相當豐富的裝飾。在宅院整體中，這些裝飾主要分佈在大門、門樓、影壁、二門、檐廊等部位。特別是大門和門樓大多成為全宅裝飾的集中點。東北大院、北京四合院、晉陝窄院都是如此。青海莊窠儘管莊院外觀極為質樸，大門也盡量加以裝飾。即使是黃土地區的一些窰房混合型建築，祇要能形成院落，大門也做到力所能及的裝飾美化。在建築單體中，裝飾則集中於某些觸目的部位如屋頂的脊身、脊端；山牆的墀頭、博縫；構架的樑枋、斗栱、雀替；大門的門罩、門簪；垂花門的垂花、花板；影壁的壁心、基座；石作的柱頂石、門枕石、抱鼓石和裝修中的花罩、花牙子、挂落、裙板、縧環板等等。

北方漢族民居的木構件大多『髹以桐油』，不塗彩漆，因此民居裝飾中彩繪所佔份量不多，而以小面積的磚雕、木雕、石雕為主要裝飾手段。通常彩繪可以畫於樑枋等大木受力構件，而木雕則盡量落在大木構件不傳力的出頭收尾和小木作的填充性部位，以保持結構邏輯的清晰，不因雕飾而損害構件的完整。磚雕、石雕也是如此。許多雕飾精品都能從建築整體出發，注意建築形象的大效果；注意畫面的嚴謹勻稱和圖底平衡；注意石雕精粗的因材制宜；注意磚雕刀法的簡練流暢、凹凸得當；注意木雕的粗枝大葉、盤旋纏繞、牽連牢固。恰如其份的雕飾為粗材構築的民居鑲嵌上極富裝飾性的細部，取得了粗中寓細、土中寓秀的效果。不少地區形成了自己的鄉土雕飾特色。總的説來，南方民居的雕飾偏於纖巧古雅，北方民居的雕飾偏於渾厚粗獷。但晚清的一些富商、地主的宅院，往往出現雕飾過於繁縟的傾向。我們從山西祁縣喬宅、陝西米脂姜宅、陝西洵陽唐家莊園都可以看到這種現象，這些都反映著民居俚俗局限的負面。

注釋

〔一〕《中國早期建築的發展》，楊鴻勛，《建築歷史與理論》第一輯

〔二〕《淅川下王崗》，文物出版社，一九八九

〔三〕《中國考古學研究》（二）

〔四〕《中國北方地區新石器文化》，徐光冀，《大百科全書・考古學卷》

〔五〕《一九七五年東海峪遺址的發掘》，《考古》，一九七六年第六期

〔六〕《甘肅秦安大地灣九〇一號房址發掘簡報》，《文物》，一九八六年第二期

〔七〕《中國早期建築的發展》，楊鴻勛，《建築歷史與理論》第一輯

〔八〕《遼寧北票縣豐下遺址一九七二年春發掘簡報》，《考古》，一九七六年三月

〔九〕《東下馮遺址》，張彥煌，《大百科全書・考古學卷》

〔十〕《藁城臺西商代遺址》，文物出版社，一九七七

〔十一〕《劉敦楨文集》（二），中國建築工業出版社，一九八二

〔十二〕《建築考古學論文集》，楊鴻勛，文物出版社，一九八七

〔十三〕《金文中的「康宮」問題》，唐蘭，《考古學報》，一九六二年第二期

〔十四〕《初學記》卷二十四

〔十五〕《劉敦楨文集》（二），中國建築工業出版社，一九八二

〔十六〕《劉敦楨文集》（二），中國建築工業出版社，一九八二

〔十七〕《鹽鐵論》，桓寬

〔十八〕《三輔黃圖》卷四

〔十九〕《中原漢代建築明器》，王學敏，《文物天地》，一九九四年第四期

〔二〇〕《唐六典》卷二十三

〔二一〕《唐會要·輿服誌》卷三十一

〔二二〕《宋史》卷一百五十四，輿服六

〔二三〕《敦煌建築研究》，蕭默，文物出版社，一九八九

〔二四〕《關於〈展子虔游春圖〉年代的探討》，傅熹年，《文物》，一九七八年第十一期

〔二五〕《五代會要》卷二十六《城郭》

〔二六〕《池上篇》，白居易

〔二七〕《草堂記》，白居易

〔二八〕《中華文化史》，馮天瑜等，上海人民出版社，一九九〇年版

〔二九〕《明史》卷六十八，輿服四

〔三〇〕《明史》卷六十八，輿服四

〔三一〕《大清會典》卷五十八

〔三二〕《評清代的社會背景與民居的新發展》，孫大章，《中國傳統民居與文化》第二輯

〔三三〕《觀堂集林·明堂廟寢通考》，王國維，中華書局，一九五九

〔三四〕《窰洞民居》，侯繼堯、任致遠，中國建築工業出版社，一九八九

〔三五〕《大清會典》卷五十八

〔三六〕《明史》卷六十八

圖版

一　西安半坡方形半穴居復原模型
二　西安半坡圓形穹廬復原模型

四　西安半坡地面建築復原模型

三　西安半坡圓式建築復原模型

五　北京四合院群體鳥瞰

六　北京絨線胡同某宅屋面組合

七　北京絨線胡同某宅大門

八　北京絨線胡同某宅内景

桃花忽成
陰蕎麥秀
已繁閉門
春晝永惟
有黄蜂喧
游
賞

一〇　北京絨線胡同某宅圓光罩
九　北京絨線胡同某宅内景（前頁）

一一　北京禮士胡同某宅大門

一二　北京禮士胡同某宅影壁壁心

一三　北京禮士胡同某宅窗下檻牆

一四　北京禮士胡同某宅垂花門

一五　北京禮士胡同某宅垂花門局部

一六　北京禮士胡同某宅大門局部

一七　北京禮士胡同某宅抄手廊

一八　北京禮士胡同某宅内院

一九　北京禮士胡同某宅墀頭與窩角廊檐局部

民航营业大厦
AVIATION BUILDING

二一　北京霱公府垂花門
二〇　北京霱公府院落鳥瞰（前頁）

二二　北京藹公府垂花門側面局部

二三　北京醇公府屏門及抄手廊

二四　北京霱公府窩角廊廊内景觀

二五　北京霱公府廳堂院

二六　北京霱公府正房院一角

二八　北京文昌胡同某宅影壁局部

二七　北京文昌胡同某宅影壁局部

二九　北京文昌胡同某宅垂花門

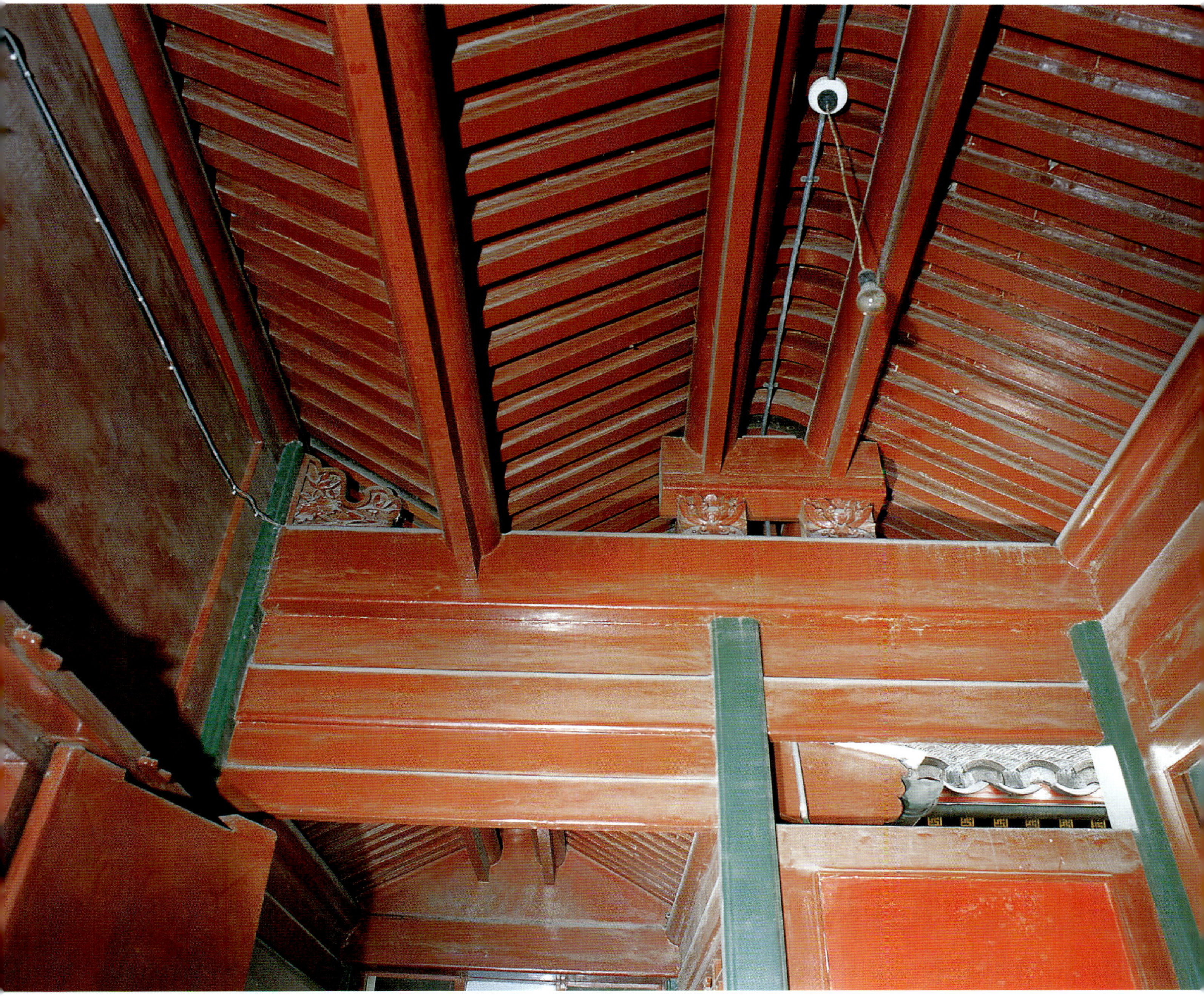

三〇　北京文昌胡同某宅垂花門内景

三一　北京文昌胡同某宅垂花門細部

三二　北京文昌胡同某宅垂花門屋頂

三三　北京文昌胡同某宅檐廊

三四　北京文昌胡同某宅隔扇細部

三五　北京文昌胡同某宅隔扇

三六　北京文昌胡同某宅内庭院之一

三七　北京文昌胡同某宅内庭院之二

三八　北京文昌胡同某宅内院鳥瞰

三九　北京文昌胡同某宅前院景觀

四〇　北京西舊簾子胡同某宅如意門

四一　北京西舊簾子胡同某宅門内影壁

四二　北京西舊簾子胡同某宅影壁壁心字匾

四三　北京後海某宅屏門

四四　北京後海某宅窩角廊

四六　北京後海某宅庭院之一

四七　北京後海某宅庭院之二

四五　北京後海某宅檐廊

四八　北京後海某宅垂花門細部

四九　北京棉花胡同某宅大門

五〇　北京棉花胡同某宅大門局部

五一　北京棉花胡同某宅大門局部

五二　北京恭王府隔扇

五三　北京恭王府隔扇細部

五四　北京恭王府支摘窗之一
五五　北京恭王府支摘窗之二（後頁）

五七　北京前鼓樓苑某宅庭院

五六　北京前鼓樓苑某宅垂花門（前頁）

五八　北京齊白石故居大門

五九　北京大佛寺街某宅大門

六〇　北京豐富胡同某宅如意門

89

六一　北京秦老胡同某宅大門

六二　北京粉子胡同某宅窄大門

六三　北京東城區北池子某宅小門樓局部
六四　北京東四六條某宅垂花門内景（後頁）

六六　北京史家胡同某宅隔扇細部

六五　北京燈草胡同某宅檐廊（前頁）

六七　北京四合院門鈸

六八　北京四合院門鈸

六九　北京四合院門鼓子

七〇　北京四合院門鼓子
七一　北京四合院門鼓子

七二　北京四合院門鼓子

七三　北京四合院門鼓子
七四　北京四合院門鼓子

七五　北京四合院門鼓子（前頁）
七六　北京四合院門鼓子（左圖）
七七　北京四合院門鼓子（下圖）

七八　北京四合院盤頭

七九　北京四合院盤頭（右上）
八〇　北京四合院盤頭（左圖）
八一　北京四合院盤頭（右下）

八二　北京四合院八字影壁

八三　北京門頭溝區爨底下村鳥瞰

八四　北京門頭溝區爨底下村景觀之一

八五　北京門頭溝區爨底下村景觀之二

八六　北京門頭溝區爨底下村景觀之三

八七　北京門頭溝區爨底下村景觀之四

八八　北京門頭溝區爨底下村坡地小巷

八九　北京門頭溝區爨底下村小巷之一

九〇　北京門頭溝區爨底下村小巷之二

九一　北京門頭溝區爨底下村某宅鳥瞰

九二　北京門頭溝區爨底下村某宅院

九三　黑龍江呼蘭縣蕭紅故居東院正房外景

九四　黑龍江呼蘭縣蕭紅故居後花園磨房（後頁）

九五　黑龍江呼蘭縣蕭紅故居東院正房前檐

九六　黑龍江呼蘭縣蕭紅故居室内火炕

九七　黑龍江呼蘭縣蕭紅故居室內陳設

九八　吉林北山王百川宅内庭院

九九　吉林北山王百川宅大門

一〇〇　山東曲阜孔府大門

一〇一　山東曲阜孔府大堂和二堂兩旁的側院

一〇二　山東曲阜孔府大堂

一〇三　山東曲阜孔府三堂及前庭

一〇四　山東曲阜孔府内宅門
一〇五　山東曲阜孔府大堂前庭重光門（後頁）

一〇六　山東曲阜孔府内宅北屏門

一〇七　山東曲阜孔府前上房内景

一〇八　山東曲阜孔府室內陳設(一)

一〇九　山東曲阜孔府室内陳設(二)

一一〇　山東曲阜孔府室内陳設(三)

一一一　山東曲阜孔府室內陳設(四)

一一二　山東曲阜孔府室内陳設(五)

一一三　山東曲阜孔府前堂樓東次間内景

一一四　山東鄒縣孟府二門

一一五　山東鄒縣孟府大堂前庭

一一六　山東鄒縣孟府世恩堂

一一七　山西祁縣喬宅一號院正門樓

一一八　山西祁縣喬家大院鳥瞰

一一九　山西祁縣喬家大院屋頂

一二〇　山西祁縣喬家大院更樓屋頂

一二一　山西祁縣喬家大院更樓

一二二　山西祁縣喬家大院一號院正房

一二三　山西祁縣喬家大院某内院一景

一二四　山西祁縣喬家大院大門影壁

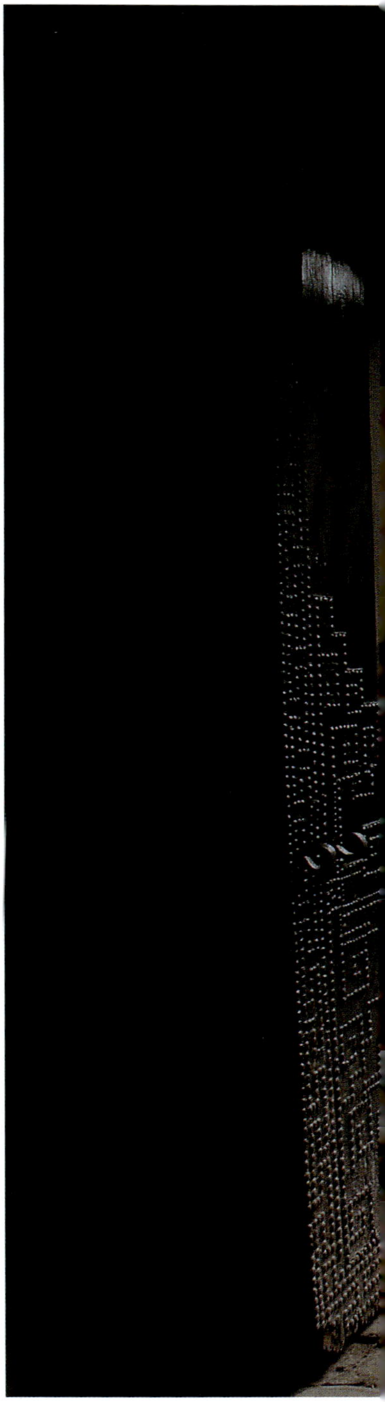

一二五　山西祁縣喬家大院某院正房

一二六　山西祁縣喬家大院六號院福德祠照壁

一二七　山西祁縣喬家大院某院内旁門

洞達

翰墨苑
保卫室

一二九　山西祁縣喬家大院泰山石敢當

一二八　山西祁縣喬家大院內院一角

一三〇　山西平遥城區鳥瞰之一

一三一　山西平遥城區鳥瞰之二

一三二　山西平遥城區鳥瞰之三

一三三　山西平遥街道景觀

一三四　山西平遥某宅風水壁

一三五　山西平遥某宅内院

一三六　山西平遥西石頭坡三號門内景觀

一三七　山西平遥某宅窑上房

一三八　山西平遥某宅内院一角

一三九　山西平遥某宅局部

一四〇　山西平遥某宅檐下局部

一四一　山西平遥某宅檐下局部

一四二　山西平遥某宅大門方形門鼓石

一四三　山西平遥某宅正房錮窰窰臉

一四四　山西平遥某宅室内佛龕

一四五　山西平遥某宅格門裙板

一四六　山西靈石縣靜昇鎮王家大院凝瑞居大門(一)

一四七　山西靈石縣靜昇鎮王家大院凝瑞居大門(二)

一四八　山西靈石縣靜昇鎮王家大院凝瑞居正廳

一四九　山西靈石縣靜昇鎮王家大院垂花門

一五〇　山西靈石縣靜昇鎮王家大院敦厚宅門樓

一五一　山西靈石縣靜昇鎮王家大院敦厚宅正廳

一五二　山西靈石縣靜昇鎮王家大院窰房廊下雕飾

一五三　山西靈石縣靜昇鎮王家大院桂馨書院正窰房

一五四　山西靈石縣靜昇鎮王家大院蘭芳居月洞門

爱护花卉

一五五　山西靈石縣靜昇鎮王家大院某院正房柱礎

一五六　山西襄汾丁村十四號院

一五七　山西襄汾丁村民居十一號院入口牌坊

一五八　山西襄汾丁村某宅大門

一五九　山西襄汾丁村某宅大門門飾

一六〇　山西襄汾丁村某宅大門局部

一六一　山西襄汾丁村某宅大門

一六二　山西襄汾丁村某宅檐下細部

一六三　山西襄汾丁村某宅欄板木雕細部

一六四　山西襄汾丁村某宅外觀

一六五　山西新絳縣家氏院

一六六　山西新絳縣家氏院東院大門

一六七　山西新絳縣某宅栓馬樁（後頁）

一六九　山西芮城某宅外檐裝修
一六八　山西芮城某宅内院（前頁）

一七〇　山西芮城范宅倒座木門透雕

一七一　山西霍縣許村朱宅外檐裝飾

一七二　山西霍縣某宅檐廊

一七三　山西霍縣某宅檐廊
一七四　山西某宅内院一角（後頁）

一七五　山西某宅内院一角

一七七　山西平陸某天井窰窰院一角
一七六　山西平陸西侯村天井窰（前頁）

一七八　陝西韓城黨家村鳥瞰

一七九　陕西韓城黨家村某宅内院

一八〇　陕西韓城黨家村某宅内院

一八二　陝西米脂窰洞群

一八三　陝西米脂窰洞院落

一八一　陝西韓城黨家村某宅栓馬圈

一八四　陕西米脂某窑洞内景

一八五　陕西某窑洞窗格心

一八六　陕北延安窑洞院落

一八七　陕北延安窑洞院落

一八八　陕西米脂姜園鳥瞰

一八九　陕西米脂姜園大門内景

一九〇　陕西米脂姜園主庭

一九一　陝西米脂姜園錮窰窰臉

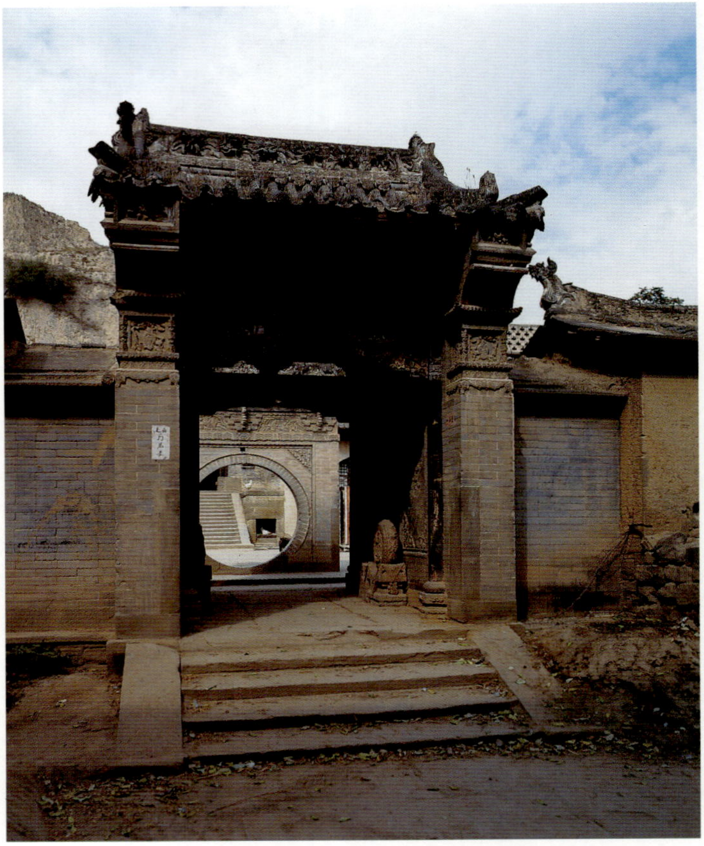

一九二　陝西米脂姜園中庭大門

一九三　河南三門峽市張灣鄉天井窰群

一九四　河南三門峽市張灣鄉某下沉窰院入口梯道

一九五　河南三門峽市張灣鄉某下沉窰院入口梯道

一九六　河南三門峽市張灣鄉天井窰院

一九七　河南三門峡市張灣鄉天井窰院

一九八　河南三門峡市張灣鄉某窰洞内景

一九九　河南三門峡市張灣鄉某天井窰院窰臉

二〇〇　河南鞏縣某靠崖窰院

二〇一　河南鞏縣康百萬莊園某院内院門

二〇二　河南鞏縣康百萬莊園局部鳥瞰

圖版説明

一　西安半坡方形半穴居復原模型

屬於仰韶文化時期的西安半坡遺址，是黄河中遊母系氏族社會農耕定居繁榮階段的縮影，是半穴居發展晚期以及向地面建築過渡的典型代表。圖為西安半坡遺址博物館展出的方形半穴居遺址的復原模型，穴身為長方形平面，凹入地下約一米左右，前方有帶踏步的入口門道，穴身上部復原成方錐型頂蓋，門道上部復原成兩坡雨篷，穴内設有火塘，頂蓋前坡頂端留有排煙口，古文稱為『囱』。

二　西安半坡圓形穹廬復原模型

圖為西安半坡遺址博物館展出的圓形穹廬遺址的復原模型，穹廬式建築是半穴居向地面建築過渡形態的代表。平面為不甚規則的圓形，居住面上昇到地面，已具備半坡中期的特徵；但屋身和頂蓋仍保持著半坡早期牆體與頂蓋渾然一體的特點。正面闢有離地面較高的門洞，門上方設有排煙的『囱』。

三　西安半坡囤式建築復原模型

圖為西安半坡遺址博物館展出的囤式建築遺址的復原模型，屬半坡中期，是初期地面建築的代表。平面為方形，牆身與屋蓋已明確分化，在直立的牆體上架設傾斜的屋蓋，但牆體甚矮，門限與牆體齊高，門仍開在屋蓋上，還延續著半穴居的處理方式。

四　西安半坡地面建築復原模型

圖為西安半坡遺址博物館展出的地面建築遺址復原模型，該遺址是一個非常重要的遺存，據遺址推測，不但牆體、屋蓋完全分化，屋蓋明確出檐，而且大柱洞已略成柱網，脊檁已達兩山，初具『間』的雛形，中國古代木構架體系最常見的『一明兩暗』式的基本型，在這個遺址復原中已見端倪。它標誌著完整的地面建築已經成型，完成了中國原始建築從穴居到地面的過渡。

五　北京四合院群體鳥瞰

地處京畿的北京四合院，是北方傳統官式宅第的代表。無論是群體組合、院落組織、空間調度，還是間架結構、構造做法，以致細部紋飾上，都有一套成熟的、嚴密的規範程式。圖中可見北京四合院群體組合，在鬱鬱葱葱中，秩序井然地重復著，由灰牆青瓦構成的方整院落，鱗次櫛比，規整均勻、端正劃一、平素質樸。在規範程式嚴密制約下，充分利用個體調節，使北京四合院群體組合，既體現出高度成熟的官式風範的中合、規範之美，又不乏個體乃至細部調節與變化的活力。

六　北京絨線胡同某宅屋面組合

論及中國木構架建築單體形象特徵，當首推頗具特色的上部翼狀伸展的屋頂。它不但集中體現了技術與藝術高度成熟的完美結合，還是建築等級制最嚴密、最顯著的標誌。就屋頂形式來説，宅第建築除王府外，一般祇能用懸山、硬山，北京四合院宅屋絶大多數均為硬山頂，並以捲棚硬山頂居多，屋瓦的色質亦有嚴格規定。大量的一般宅第硬山灰頂構成了北京傳統城區的主色調。同一色調、井然有序的屋頂，通過屋面起伏變化、高低抑揚頓挫，似靜寓動，在規整中見變化，在平素中顯現肌理的再造與重組。

七　北京絨線胡同某宅大門

八　北京絨線胡同某宅內景

中國木構架建築承重結構與圍護結構相對獨立，因而室內分隔有極大的靈活性。宅第室內空間劃分隔斷大致有三種形式，即板壁、隔扇（又稱碧紗櫥）、罩，此外還有博古架、太師壁等，圖中可見前間採用炕罩，後間採用欄杆罩，鏤雕秀麗，玲瓏剔透，罩上嵌以玉石，格心鑲裱字畫，室內裝修與陳設格調統一，色彩和諧，富麗華貴。

九　北京絨線胡同某宅內景

圖為自東次間望西次間，劃分室內空間的欄杆罩，隔而不斷，室內通透，層次分明，亦分亦合。欄杆罩形式別致，圖案繁復，用料考究，做工精細，嵌以字畫更顯得格調高雅風致。

一〇　北京絨線胡同某宅圓光罩

用於室內空間分隔的罩有多種形式，按功能與形式不同可分為落地罩、圓光罩、几腿罩、欄杆罩等，圖為圓光罩，形式生動，鏤雕精美。

一一　北京禮士胡同某宅大門

中國語言中常有『門第』一說，它充分說明了大門在中國建築中的重要地位。封閉內向的佈局，使北京四合院所有廳、房都朝向宅院內，只有大門朝外，成為整個宅第最突出的外在形象，是宅第對外展示和建築藝術表現的重點。嚴格精細的程式規範，對於不同等級的房主大門形制、規格以致細部裝飾都建立了嚴密的規定，因而宅第的大門還是主人地位、官階、名份的象徵與標誌。

圖為北京禮士胡同某宅大門，倒座與門房面闊五間，門房居中，為廣亮大門——貴族宅第大門最基本形式之一。

一二　北京禮士胡同某宅影壁壁心

圖為影壁壁心特寫。該影壁採用硬心做法：即壁心用方磚磨磚對縫斜置，中心盒子與四岔飾以磚雕，中心盒子圖案為鈎子蓮，四岔飾以菊花圖案，構圖勻稱，做工精美，算得上磚雕的一件藝術佳作。

一三　北京禮士胡同某宅窗下檻牆

圖為北京禮士胡同某宅窗下檻牆。牆面用硬心做法，池內以方磚磨磚對縫斜貼。當中雕纏枝花卉盒子，四角雕花卉岔角，周邊大枋子也嵌飾磚雕百花，雕工頗為精美。

一四　北京禮士胡同某宅垂花門

華麗多彩的垂花門在整體素雅的四合院中，以鮮明突出的色彩，輕巧活潑的形象，成為點睛之筆，給寧靜祥和的宅院平添了幾分歡快，幾分艷麗與新奇。作為呼應，前檐兩側的看牆點綴式樣各異的什錦窗，賞心悅目。

一五　北京禮士胡同某宅垂花門局部

中國傳統建築的空間組織與景觀經營獨具匠心，人流的行進，景觀的變化都限定在特定的空間組合中，蜿蜒迴轉，步移景異，每一道門都是一個景框，景框內別有洞天。圖中透過半掩的垂花門，在多彩的景框內，展示出下一進院的正房局部。

一六　北京禮士胡同某宅大門局部

圖片清晰地顯示金柱大門的細部做法。整樘大門框檻安裝於金柱部位。金柱與檐柱之間的廊心牆做工考究，下堿為磨磚對縫，上身砌方磚心並加雕蓮花飾。中心花、岔角和週邊花飾的磚雕都十分精細。紅漆金邊的餘塞板，微加雕飾的木門檻，古拙得體的門鼓石，與精工雕飾的廊心牆組合在一起，點染了優美、高雅的大門品位。

一七　北京禮士胡同某宅抄手廊

圖為垂花門後檐兩側的抄手廊，廊內看牆上什錦窗形狀各異：有圓形、六角、梅花、漢瓶、葫蘆等多種樣式。窗洞口精雕細磨的灰磚嵌邊，紅框收口，在白灰牆上精巧而醒目；抄手廊柱、檁、梁、枋、楣子、欄杆紅綠相間，精工雕飾，為整體素雅的四合院增添了濃烈而歡快的氛圍。

一八　北京禮士胡同某宅內院

自迴廊向垂花門望去，內宅院在環繞連貫的回廊圍合中，寧靜祥和，下沉的內庭院地面加強了庭院的向心性；而垂花門以其艷麗的色彩、突出的形象，成為空間處理的視覺中心，使寧靜祥和的傳統家居生活，平添了幾分歡快的氣氛。

一九　北京禮士胡同某宅墀頭與窩角廊檐局部

圖為北京禮士胡同某宅墀頭與窩角廊檐的局部仰視。墀頭上部的盤頭處理頗有特色，與精細磚雕的戧檐磚、盤頭磚與光素簡潔的梟混磚、爐口磚形成強烈對比。窩角廊的倒挂楣子採用罕見的團字雕木裝飾，配上小巧的花芽子，分外雅致。木質的游廊與磚質的山牆在這裏結合得十分有機，精美的磚雕與木雕相映成趣。

二〇　北京霱公府院落鳥瞰

霱公府坐落於西城區絨線胡同，建於清末。正院縱深四進，第一進為前院，第二進為廳堂院，第三進為正房院，第四進是以七開間的勾連搭大廳為正座的後院。東西兩側各有不規則的跨院。圖上照片為正院前兩進的院落鳥瞰。

二一　北京霱公府垂花門

垂花門是內宅的門，一般處於二門位置，所以通常又稱二門。其形象特徵是，前檐懸臂挑出，兩根垂蓮柱懸於梁頭之下，柱下端雕刻優美的垂蓮頭；門的上部採用徹上露明造；主要構件如梁、枋、檁、荷葉、駝峰均飾以油漆彩畫。垂花門華麗重彩，形體生動，是四合院中點睛之處。圖為霱公府第一道垂花門，門內庭院深深，引人入勝。

二二　北京霱公府垂花門側面局部

霱公府前後兩座垂花門均為五檁單捲棚式，進深四架。由於將一殿一捲屋頂合併為單捲棚，在正立面和背立面上，屋頂的高度都佔較大的比例。這種垂花門比一殿一捲式顯得沉穩、莊重，而不如一殿一捲式輕巧、秀麗。圖片上可見博風板上的梅花釘和梁枋彩畫等絢麗的細部裝飾。

二三　北京霱公府屏門及抄手廊

垂花門一般有前後兩排柱子。前檐柱安裝框檻和棋盤門，後檐柱安裝四扇屏門。前檐兩側聯以看牆，後檐兩側聯以抄手廊。屏門一般以綠色居多，除遇有重大禮儀外平時不開啟，人流從屏門兩側抄手廊進出，屏蔽視線，使內院更趨封閉、寧靜。

二四　北京霱公府窩角廊廊內景觀

北方宅第的離散型佈局，使得正房與廂房及圍牆的轉角處陰暗、破碎，而窩角廊不但方便人的聯係使用，而且使視覺景觀大為改善，內庭院空間連續完整，轉角空間幽深，曲摺而別有洞天。

二五　北京霱公府廳堂院

廳堂院是霱公府的第二進院，以垂花門為前座，以五開間的廳堂為正座，兩側為三開間的廂房。廂房兩端各毗連一單間帶捲棚硬山頂的小屋。庭院四隅繞以抄手廊和窩角廊。庭院平面接近方形，空間寬大，院中植有松柏，頗有大宅氣勢。

二六　北京霱公府正房院一角

正房院是霱公府第三進院。正房五間，左右各出耳房一間，屬於『五正兩耳』的『七間口』大院，實際佔地相當於『九間口』的格局，在北京四合院中可算是規模很大的。正房前廊前檐『金裏裝修』已經過改建。庭院空間疏朗、靜寂，頗有老槐蔭森，日長人靜的境界。

二七　北京文昌胡同某宅影壁局部

一般宅院影壁均為磚影壁，即從頂到底用磚瓦砌築。從壁身做法來說，可分為兩種。有的採用硬心做法，壁心用方磚磨磚對縫斜置，中心盒子及四岔飾以磚雕，中心圖案有鈎子蓮、九世同居、鳳凰牡丹等，四岔有菊花、牡丹花、松竹等；有的採用軟心做法，壁心抹灰呈白色粉牆，中心雕以『平安』、『迎祥』、『鴻禧』等字匾，典雅秀麗，寓意吉祥。圖為硬心做法的岔角、三岔頭和瓶耳子的細部雕飾。

二八　北京文昌胡同某宅影壁局部

門內影壁可分為二種：一種是附著於廂房山牆的跨山影壁，另一種是獨立於廂房山牆的獨立影壁。圖為獨立影壁屋頂局部，冰盤檐、飛椽，上覆瓦頂，構造精緻，線腳細膩，肌理分明。

二九　北京文昌胡同某宅垂花門

該垂花門為北京四合院常見的『一殿一捲』式，其屋頂由前部起脊頂和後部捲棚頂組合成勾連搭懸山頂。垂花門前檐兩側聯以看牆，後檐兩側聯接抄手廊。前檐柱安裝框檻和棋盤門，後檐柱安裝屏門。垂花門是四合院中裝飾最華麗的建築，在整體素雅的四合院中，顯得分外醒目，在綠蔭、看牆什錦窗的襯托下，更平添了幾分快樂、愉悅、親切的家居氛圍。

三〇　北京文昌胡同某宅垂花門內景

垂花門均為徹上露明造。儘管勾連搭屋頂十分複雜，其內部樑架構造卻處理得井然有序。主要構件是連接前後檐柱的麻葉抱頭樑，樑上承托上部檁，樑下有隨樑墊板和麻葉穿插枋，並與廊柱搭接，構件組合明確，點綴上駝峰、柁墩等細部雕飾，內景頗為疏朗、簡潔。

三一　北京文昌胡同某宅垂花門細部

圖為垂花門細部特寫，不失為一幅色彩艷麗，構圖精美，形式生動的圖畫。倒懸的垂蓮柱柱頭，形態優美，線條流暢；垂柱間聯以簾籠枋、罩面枋和透雕花草的花板，罩面枋下安裝著纏枝花罩，油漆艷麗，圖案繁複，有效地組織在構造中，繁複有致，華麗秀美。

三二　北京文昌胡同某宅垂花門屋頂

垂花門有多種形式，常見做法為一殿一捲式，其屋頂是由前部起脊頂與後部捲棚頂組合成的勾連搭懸山頂。其妙處在於，十分巧妙地避免了面寬僅一間的垂花門，不因進深大於面寬而導致屋頂高寬比例失調。

三三　北京文昌胡同某宅檐廊

北京四合院內庭院正、厢房多出檐廊與抄手廊構成環抱中庭的迴廊，方便聯係，利於室內外空間過渡與交融。

三四　北京文昌胡同某宅隔扇細部

圖為北京文昌胡同某宅隔扇細部——裙板特寫，板心木雕繁複精緻，圖案為纏枝花卉貼雕。

三五　北京文昌胡同某宅隔扇

內檐隔扇又稱碧紗罩，是中國建築劃分室內空間的隔斷類型之一，以進深大小決定，可用六扇、八扇乃至十幾扇，中間可開啟。隔扇固定於上、下檻之間，並可摘下，隨意搬遷，方便使用；格心槅子多用燈籠框形式，中間常鑲裱字畫；講究的格門在上面嵌以玉石或琺瑯等，圖為北京文昌胡同某宅室內陳設，圖面正對的牆面即為隔扇。

三六　北京文昌胡同某宅內庭院之一

內庭院迴廊環抱，樹木扶疏，與外界隔絕而別有洞天，靜謐祥和，生機盎然。

三七　北京文昌胡同某宅內庭院之二

北京四合院的廂房，通常多為三間，當庭院深度較大時，常在廂房南側添加一間，做成平屋頂，通稱『盝頂』。圖片中的宅院深度較大，設有盝頂，只是盝頂不在廂房南側，而在廂房北側，是一種不多見的做法。

三八　北京文昌胡同某宅內院鳥瞰

從垂花門上空鳥瞰內院，可以看到正房五間，東西廂房各三間，廂房北側各有盝頂一間。這個四合院屬於『五間口』的寬度，南北向的深度大於東西向的寬度。由於東西廂房都敞開前廊，庭院空間並不顯得狹窄，整體院落比例勻稱，寧靜親切。

三九　北京文昌胡同某宅前院景觀

北京四合院空間組織與景觀經營獨具匠心。進入大門，經過影壁、側牆及屏門圍合的先導空間，自影壁向前院望去，空間層次分明，素雅寧靜，影壁雕飾精美，精緻秀麗；垂花門華麗富貴，形象別致生動，在綠蔭中若隱若現，成為強有力的內院入口標誌及突出的視覺中心。

四〇　北京西舊簾子胡同某宅如意門

圖為如意門局部。走近如意門，不見高大門房，只見門面小巧宜人，門內正對影壁中書『迎祥』，素雅大方。與門枕石相呼應，門上檻的門簪細緻醒目。它原為固結連楹與中檻的銷木，被賦予裝飾與標誌意義，簪頭斷面成六角形，角上做柔和的梅花線，其看面因是木材橫斷面，不能雕鏤，特用一塊木板鑲貼，稱為『鬼臉』，上刻四季花草或福壽，平安如意之類的吉語，並規定府第大宅用四枚，一般宅第祇能用二枚，成為門第等級的醒目標誌。

四一　北京西舊簾子胡同某宅門內影壁

門內影壁位於大門內，正對入口。它不但有效地屏蔽視線，還為大門提供了良好的對景，與兩側的屏門和院牆構成了尺度小巧親切，家居氛圍濃鬱，展示主人文化品位的先導空間。

四二　北京西舊簾子胡同某宅影壁壁心字匾

圖為影壁壁心字匾細部特寫。壁心為軟心做法，即壁心為粉白色抹灰牆面。中心飾以磚雕字匾，書『迎祥』二字，匾框雕以『梅、蘭、竹、菊』，雕飾精細，繁複，寓意吉祥。

四三　北京後海某宅屏門

垂花門後檐兩側聯接抄手廊，後檐柱安裝屏門。屏門多為四扇兩面木板門，通常為綠色，每扇各貼一字，也有用金漆黑點子的。屏門平時關閉，可屏隔視線，保持內院寧靜與私密性，人流從側面抄手廊進出。遇有婚、喪、嫁、娶等重大活動，將屏門敞開，使得內外空間通暢、融匯。

四四　北京後海某宅窩角廊

環抱中庭的迴廊，不但方便使用，利於空間過渡，使室內外空間過渡自然，融匯貫通，而且也是空間調度與景觀經營的重要手段之一。行進在迴廊中，景框內滿庭綠蔭，步移景異，組成了一幅幅流動變化的長卷。

四五　北京後海某宅檐廊

北京四合院的主要庭院中，正房、廂房的前檐大多出廊，與抄手廊、窩腳廊連接成貫通的迴廊。這種檐廊內側是單薄、靈巧的『金裏裝修』。外側是一列檐廊組成的通透界面，它成了庭院中亦內亦外的模糊空間和過渡空間，既豐富了庭院的空間景觀，又密切了室內外的空間交融，濃鬱了宅院的內向品格。

四六　北京後海某宅庭院之一

北京四合院外觀封閉、平素，內向庭院迴廊環繞，生機盎然。它不但是室內空間的延伸與家居公共活動場所，還濃縮了自然。北京四合院常種植棗樹、槐樹、丁香、海棠、紫荊，盆栽石榴、金桂、銀桂，水生荷花、睡蓮、西河柳，擺設魚缸，點綴景石，造就滿院綠蔭，一庭芳香。

四七　北京後海某宅庭院之二

自正房向垂花門望去，抄手廊與檐廊連續貫通、環抱中庭，亦內亦外，淡化了室內外空間的隔斷，使家居環境融匯於滿庭綠蔭中。

四八　北京後海某宅垂花門細部

圖為北京後海某宅垂花門檐下裝飾細部特寫。檐下簾籠枋、罩面枋、花板集彩畫、彩繪、透雕於一身，匯重彩濃墨於一處，熾烈地烘托出垂花門華麗多彩的氛圍。

四九　北京棉花胡同某宅大門

大門不是孤立的，北京四合院有一套運用影壁組織門面空間的定型做法。根據與門的位置關係，影壁可分為門外影壁與門內影壁。門外影壁多用於府第，利於擴大門面形象，顯赫氣勢，也有屏隔視線，引導人流之用。一般宅院多用門內影壁，它與大門及兩側的屏門、院牆一起圍合出小巧的入口小院，利於屏蔽視線，豐富空間的組合與過渡。圖為北京棉花胡同某宅大門及大門兩側八字撇開的撇山影壁。

五〇　北京棉花胡同某宅大門局部

該門為金柱大門，整樘大門均設在金柱部位。這座飽經滄桑的宅門，雖斑駁陸離，面目全非，仍可見當年氣氛，底蘊猶存。它似乎在提醒人們對於舊宅的保護已到了刻不容緩的地步！

五一　北京棉花胡同某宅大門局部

這是北京宅第中的一種中西合璧的大門形式，稱為圓明園式。門洞為磚砌圓券，上方設女兒牆。女兒牆由壁柱劃分。券臉、龍口、岔角、冰盤、壁柱、柱間牆等均滿飾磚雕。雕工精細，但整體裝飾失之繁縟。

五二　北京恭王府隔扇

格心櫺子採用燈籠框形式，櫺條精巧細膩，裙板木線組成秀美的花草圖案，玲瓏剔透，透麗典雅。

五三　北京恭王府隔扇細部

圖為北京恭王府隔扇裙板細部，圍繞中心喜字對稱佈置四條夔龍，圖案整體構圖豐滿、完整，細部刻划栩栩如生，細膩入微。

五四　北京恭王府支摘窗之一

傳統建築窗的格心構成式樣繁多，從直櫺窗的直櫺、一箭三碼，到燈籠框、萬字紋、菱花……成為前檐裝修變化最多、最為精彩動人之處。圖為北京恭王府前檐支摘窗。格心為變體燈籠框櫺子圖案。

五五　北京恭王府支摘窗之二

圖為北京恭王府前檐支摘窗，櫺心用如意頭團花圖案。

五六　北京前鼓樓苑某宅垂花門

垂花門有大式、小式之分。圖為小式之一種。前部為清水脊，後部為捲棚頂，前後組成勾連搭懸山頂。色彩一反通常的華麗多彩，僅以紅綠為主，白線勾邊，垂蓮柱柱頭雕四季花。雖在垂花門中屬拙樸者，仍可從其輕巧的形體和精細的雕飾中，看出垂花門作為整個宅院的點睛之匠心。

五七　北京前鼓樓苑某宅庭院

圖為北京前鼓樓苑胡同某宅庭院一角。花香葉茂，滿庭芳香，生機盎然。

五八　北京齊白石故居大門

圖為北京西城區闢才胡同內跨車胡同十三號，著名畫家齊白石故居大門。大門為蠻子門，是屋宇式大門之一種，與廣亮大門、金柱大門不同之處在於，它將門框、門扇外移推至檐柱處，其框檻高度小於廣亮大門。

五九　北京大佛寺街某宅大門

圖中大佛寺街某宅大門為廣亮大門，門外影壁為撇山影壁。屬於較高體制的宅院大門。

六〇　北京豐富胡同某宅如意門

如意門原為廣亮大門，因後來出於安全防範要求，或更換户主帶來的名位、等級變化等限制，在外檐加磚牆後再留門而成。它反映了嚴格精到的程式規範下，個體靈活調節機制的作用。既保留了廣亮大門整體氣派，顯赫門面，又利於巧妙地迴避門制限制，利於安全防範。圖為北京豐富胡同某宅如意門。

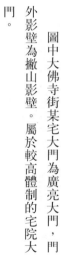

六一　北京秦老胡同某宅大門

北京四合院大門除屋宇式大門外，還有一種牆垣式大門。即在院牆上開門，常用於簡陋的小宅院或宅院旁門。圖中小門樓是牆垣式大門中最常見的形式。小門樓造型大同小異，主要區別在於屋面做法不同。如元寶脊，清水脊、筒瓦等。

六二　北京粉子胡同某宅窄大門

六三　北京東城區北池子某宅小門樓局部

這是北京小門樓常見的細部做法：門洞磚墩飾磚雕墊花；門楣部位作磚挂落；其上砌冰盤檐。冰盤檐自下而上由頭層檐、小圓混、半混、梟和蓋板組成，上接磚椽、瓦頂。門樓兩側院牆頂部也用冰盤檐。院牆與門樓的冰盤檐做法一致，都在頭層檐飾窄條磚雕，細部裝飾協調，整體造型有機。

六四　北京東四六條某宅垂花門內景

圖為北京東四六條某宅垂花門內景，天棚上樑枋彩畫絢麗多彩，棚頂檐椽肌理分明，棋盤門、屏門紅綠相間結構分明，門洞形成的景框內，綠蔭正濃，頗有詩情畫意。

六五　北京燈草胡同某宅檐廊

圖為北京燈草胡同某宅檐廊內景觀，檐外內庭滿目翠綠，一派生機；廊內坐凳欄杆通透適用，空間有合有分，實虛得當。

六六　北京史家胡同某宅隔扇細部

圖為北京史家胡同某宅隔扇細部——裙板、縧環板貼雕纏枝花卉。

六七　北京四合院門鈸

門鈸是用以固定門鐶的金屬配件。嚴格的等級制度，使大門的程式化、規範化達到了嚴密細膩的程度。不僅大門形制有嚴格的等級規定，而且還結合具體的構造做法，衍化出一整套有等級標誌的定型門飾。明制規定，一、二品用『綠油獸面錫環』；三至五品用『黑油錫環』；六至九品用『黑油鐵環』。照片中的獸面門鈸，均屬高品官的宅門。

六八　北京四合院門鈸

六九　北京四合院門鼓子

門鼓石俗稱門鼓子，是門枕石外露部份的一種裝飾化處理。門鼓子兩側、前面、上面均施雕刻，從淺雕到透雕均可。門鼓子依據形狀可分為兩大類：圓形的稱圓鼓子；方形的稱方鼓子，又稱幞頭鼓子。圓鼓子做法較複雜，由須彌座、大鼓、小鼓、荷葉等組成。圓鼓兩側圖案以轉角蓮最為常見，也有麒麟卧松、犀牛望月、蝶入蘭山等，前面以如意圖案為多，上面一般為獸面形象。方鼓子兩側和前面多為獅子圖案浮雕，上面雕趴獅、蹲獅或站獅。門鼓石與門枕石合二為一，從石材特性出發，施以雕飾，於整體渾圓、質樸中見精緻，不失為四合院宅第門面的一個重點裝飾。

七〇 北京四合院門鼓子

七一 北京四合院門鼓子

七二 北京四合院門鼓子

七三 北京四合院門鼓子

七四 北京四合院門鼓子

七五 北京四合院門鼓子

七六　北京四合院門鼓子

七七　北京四合院門鼓子

七八　北京四合院盤頭

受嚴格的建築等級限制，一般宅屋屋頂形式僅限於硬山，硬山山牆兩端伸出檐柱以外的部份，稱作墀頭，墀頭自上而下分為三部份：盤頭、上身、下堿，與屋檐相接的盤頭處理得最為精彩。上部戧檐常置磚雕，磚雕圖案常用獅子、麒麟、牡丹、海棠等。戧檐下依次通過盤頭、梟混、爐口等線腳及荷葉墩後退，並常用花籃墊結束。圖為盤頭的一種形式。

七九　北京四合院盤頭

八〇　北京四合院盤頭

八一　北京四合院盤頭

八二　北京四合院八字影壁

宅第的門外影壁大致可分為兩種：一種是上面提到的位於大門兩側八字撇開的撇山影壁；還有一種位於大門對面的一字與八字影壁，或獨立，或倚著街巷對面的宅牆。圖為八字影壁。

八三　北京門頭溝區爨底下村鳥瞰

爨底下村位於京西山區深山環抱之中，村落建於北側緩坡之上，坐北面南，依山就勢，高低錯落有致，層分明。全村可分為上下兩層，由一人工坡道聯係，坡道弧形護牆高達二十米，堪稱『天梯』，氣勢雄奇。全村現存明清四合院七十餘套，住房五百間，大部分為清構房屋，有少量明代建築。

八四　北京門頭溝區爨底下村景觀之一

圖為爨底下村局部特寫。整個村落順山勢分為上下兩層。村落上層坐落在人工臺地上，臺地及上下聯係坡道護牆陡直高聳，均由不規則石塊砌成，自然古樸，堅固巍嚴。灰色屋頂隨山起伏，錯落有致，變化有序，展現了華北山村的典型風貌。

八五　北京門頭溝區爨底下村景觀之二

圖為爨底下村人工臺地護牆特寫。

八六　北京門頭溝區爨底下村景觀之三

最大限度地利用地方材料，是傳統聚落與建築造價經濟的最大保証，並且是影響聚落與景觀的一大要素。爨底下村滿山遍野的青石紫石，成為村落與宅屋的主要構築材料。圖中展示了由石頭構成的世界：石砌的牆，石鋪的路……

八七　北京門頭溝區爨底下村景觀之四

利用自然石塊築牆壘堤，順山就勢，蜿蜒曲行，層次分明。

八八　北京門頭溝區爨底下村坡地小巷

沿著蜿蜒崎嶇的石鋪山巷拾級而上，迎入眼簾的是自然古樸的山村圖畫：高低不平的石階，蜿蜒曲摺的石牆，斑駁陸離的山牆，還有那多姿的樹木，湛藍的天空，似乎在為我們訴説小山村動人的傳説。

八九　北京門頭溝區爨底下村小巷之一

九〇　北京門頭溝區爨底下村小巷之二

幽靜的山村小巷兩側，精巧的小門樓與起伏的山牆點綴其間，既見古樸自然，又顯精緻活潑。

九一　北京門頭溝區爨底下村某宅鳥瞰

某組宅院坐落於山間人工臺地上，險峻壯觀。宅基削山填石，是山地建築通用作法之一。

九二　北京門頭溝區爨底下村某宅院

圖為某宅院一角。院落比例介於北京四合院與晉陝窄院之間。門窗雕飾精細，當年之華美可窺一斑。

九三　黑龍江呼蘭縣蕭紅故居東院正房外景

聞名中外的現代女作家蕭紅故居，坐落在黑龍江省呼蘭縣城南，始建於一九〇八年。原佔地面積七千多平方米，房舍三十間，分東西兩個大院，東院為自家宅院，正房五間，正房後是近二千平方米的後花園。西院為庫房和佃户居住之所。一九八六年五月東院修復。

蕭紅故居有較典型的東北農村大院特徵：用地寬鬆，地勢平坦，院庭宏大，房屋佈局極為鬆散；為抵禦嚴寒，不同輩份家人多同住正房，廂房為僕人房或雜用；宅屋厚牆重頂，設火炕、火牆等取暖設施，北向基本不開窗；正房兩側多對稱設『坐地煙囱』，成為東北住宅外觀的獨特特徵。圖中蕭紅故居東院正房五開間，厚重質樸，東西兩側煙囱拔地而起，成為正房獨特的陪襯物。

九四　黑龍江呼蘭縣蕭紅故居後花園磨房

東北農村宅院用地寬鬆，房屋佈局頗為鬆散，集生活與部份生產內容於一身。圖中是蕭紅作品常提及的後花園，孤零地矗立一座東廂房——磨房，與關內不同的是，為抵禦嚴寒，東北地區的廂房一般不住人，只作雜用或僕人居住。

九五　黑龍江呼蘭縣蕭紅故居東院正房前檐

東北住宅整體厚重質樸，一般不做彩繪，也少見木雕。但粗中見細，圖中正房前檐支摘窗粗獷堅挺，摘窗用井字玻璃屜，支窗加盤長欞心，落落大方。

九六　黑龍江呼蘭縣蕭紅故居室內火炕

寒冷的氣候，使火炕成了東北人日常生活的『多功能中心』，是睡眠、會客、起居、餐飲以及婦女做家什活的場所，因而火炕也是住宅內部陳設裝飾的重點。東北農村多用南炕，利於納光取暖，一端設炕櫃，放置卧具，炕中間放炕桌。

九七　黑龍江呼蘭縣蕭紅故居室內陳設

東北農村宅屋中，火炕充當了日常生活中最重要的角色，因而，地面陳設相對簡單。圖中為蕭紅故居室內陳設。

九八　吉林北山王百川宅內庭院

吉林市北山王宅建於偽滿初期，仍保留清末民初特點。建築面積八百六十五平方米，佔地二千四百平方米。南北二進院，前院門房七間，大門居中，前院正對大門有一道精雕細鏤的影壁，東西厢房各三間；一道看牆將前後院隔開，看牆中間為垂花門；後院正房七間，東西厢房各五間，有迴廊環抱。圖為王宅內庭院，一九八五年五月修復，其中花牆影壁，垂花門未修復。

九九　吉林北山王百川宅大門

由於遠離政治禮教中心，東北大院在禮制限制上明顯放鬆。圖中王宅門房倒座七間，大門居中，門面宏大，門內正對一屏風影壁。

一〇〇　山東曲阜孔府大門

孔府是孔子嫡長孫的衙署和住宅合一的建築群，位於曲阜城中部，孔廟東側，規模宏大，分西中東三路，南北縱深共九進院落，前四進庭院為衙署，後五進為內室及後花園。孔府大門是中路軸線第一道大門，為明代建築。兩側有八字牆，門前有石獅及上馬石各一對。大門三間。五檁懸山。明次間均設門，上懸『聖府』匾。兩側為清紀昀手書對聯『與國咸休，安富尊榮公府第；同天並老，文章道德聖人家』。

一〇一　山東曲阜孔府大堂和二堂兩旁的側院

孔府大堂、二堂以穿堂連接，形成唐宋衙署常見的工字形平面，據推測穿堂為後加建，大堂、二堂設東西側院，廂房各五間。明間原為通東學、西學的主入口，工字形廳堂內院通過圍牆中門進出，院內屋頂高低起伏，屋面坡向不一，尺度宜人，頗具匠心。

一〇二　山東曲阜孔府大堂

孔府大堂建於明代，是衍聖公衙署的中心建築，供接讀聖旨、接見官員等公務時使用。大堂五間，九檩懸山頂，原為明、次間三間洞開，現狀為『文革』時期改建。大堂南為前庭，呈縱長方形，兩側為東西大廳，各十一間，大堂前有儀態端莊的儀門——重光門，中間為磚砌甬道相連。前庭遼闊，古柏參天，氣氛隆重而有生氣。

一〇三　山東曲阜孔府三堂及前庭

三堂又稱退廳，五間七架懸山建築。前有檐廊，疑為明代建築，後經修葺改建。三堂設置主要出於禮儀需要，象徵衍聖公的官職和權力。三堂前設低平露臺，庭院扁長，植有幾株古柏，與二堂為中直甬道相連，甬道上設太湖石點綴，平添幾分生氣，似為後宅做一鋪墊。堂前東西厢房為書房與册房。

一〇四　山東曲阜孔府內宅門

孔府集衙宅於一身，中路為前衙後宅。內宅門位於孔府三堂之後，是區分內宅外衙至為重要的一個門；此門為面闊三間，進深五檩的懸山建築，中柱到頂，明間中柱間設屏門，人繞屏門行。內宅門東西另設腰門，專供傭人使用，反映出森嚴的禮教秩序。圖片中遠處有一座四層磚牆到頂的硬山建築，是孔府中的避難樓。

一〇五　山東曲阜孔府大堂前庭重光門

重光門位於孔府大堂前庭中軸甬道上，四面臨空，通稱『儀門』。平時緊閉，只在衍聖公接聖旨與其他祭祀大典時才開啟。重光門為四柱三間三樓垂花門，明間略高，中設一門。前後設垂蓮柱各四個，四柱立於抱鼓石須彌座上，有抱牙板夾持，邊柱略有側腳，比例匀稱，造型莊重，儀態典雅。因上匾曰『恩賜重光』，故又稱重光門。

一〇六　山東曲阜孔府內宅北屏門

圖為孔府內宅門背面。兩側有拐子牆，是供傭人出入的腰門通道，正中四扇屏門上繪獬豸。《晉書·輿服誌》曰：『神羊，能觸邪』，將此畫繪於宅門內壁，用以告誡子孫為官要清廉公正。

一〇七　山東曲阜孔府前上房內景

前上房為七間七架懸山建築，位於內宅第一進庭院，坐北面南，為內宅的客廳，是孔府衍聖公接待至親族人和舉行婚喪家宴儀式的場所。圖為前上房內景，遇有祝壽儀式，中懸慈禧太后書賜『壽』字。

一〇八　山東曲阜孔府室内陳設（一）

一〇九　山東曲阜孔府室内陳設（二）

一一〇　山東曲阜孔府室内陳設（三）

一一一　山東曲阜孔府室内陳設（四）

一一二　山東曲阜孔府室內陳設（五）

一一三　山東曲阜孔府前堂樓東次間內景

一一四　山東鄒縣孟府二門

孟府位於山東鄒縣城南關，與孟廟毗連，是孟子嫡裔的住所。元至順二年（公元一三三一年）封孟子為鄒國亞聖公，自此孟府也稱亞聖府。孟府前為官衙，後為內宅。現有院落四進，南北長二百二十六米，東西寬九十九米，有殿堂門廡一百六十間。圖為孟府二門。

一一五　山東鄒縣孟府大堂前庭

一一六　山東鄒縣孟府世恩堂

世恩堂為五經博士居處。

一一七　山西祁縣喬宅一號院正門樓

山西祁縣喬家堡喬宅為一大型宅院，始建於清乾隆二十年（公元一七五五年），後經清末同治、光緒年間兩次擴建，民初一次增建完成。全宅佔地八千七百二十四點八平方米，大小院落十九個，分屬五組宅院一座花園，另設祠堂一座。大院四周均為高三丈餘封閉式磚牆；大院院門居東牆中部，正對一八十米長甬道，道北設大型宅院二組，花園一座，每組宅院均設正、偏院，入口房屋及正房為兩層樓；其餘為平房；道南為中型宅院三組，甬道盡端正對祠堂，環繞全宅設更道及更樓。圖為一號院正門樓。

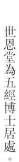

一一八　山西祁縣喬家大院鳥瞰

喬家大院儼然是一座城堡。自屋頂望去，院落重重，規模宏大，氣勢不凡；高牆聳立，壁壘森嚴，更樓眺閣點綴其間；單坡頂，雙坡頂，平頂，硬山，歇山……屋頂迭落起伏，變化豐富而又頗具章法。

一一九　山西祁縣喬家大院屋頂

『房子半邊蓋』，是晉陝地區傳統宅第的通用做法，即宅院四周房屋均採用單坡屋頂，坡向內院，後檐昇高，外牆封閉、高聳，俗稱『四水歸一』；既利於防衛，又益於乾旱地區匯聚雨水，還有斂材聚氣之寓意。圖為喬家大院單坡頂院落，屋面採用反曲屋面的撇臀頂。

一二〇　山西祁縣喬家大院更樓屋頂

晉中地區單坡頂屋面形狀獨特，採用撇臀頂，即橫斷面為船側反曲面。圖為喬家大院更樓屋頂山牆隨屋面起伏，在藍天的襯托下，頗為奇特。

一二一　山西祁縣喬家大院更樓

甬道南側三組宅院屋頂設有更樓，並有貫通的屋頂將整個大院聯結起來。

一二二　山西祁縣喬家大院一號院正房

典型的晉中南窄院，往往採用『裏五外三穿心院』佈局，圖中一號院即為此種佈局。正房五開間，二層樓，一層作客廳；廂房五開間，作為卧室。正房入口門罩翼角飛翹，出檐深遠，雕飾精美，形象突出，成為窄院的視覺中心。

一二三　山西祁縣喬家大院某內院一景

透過穿心過廳後檐門看內院，內院比例狹窄，廂房為平房，正房為二層樓房，體量高大，門罩飛翹，形象突出。

一二四　山西祁縣喬家大院大門影壁

走進大院大門，迎面是一造型古樸的磚雕影壁，壁心刻有『百壽圖』，字字不同，而又整體格調統一。壁心兩側是清朝大臣左宗棠題贈的一副篆體楹聯：『損人欲以復天理，蓄道德而著文章』，楹額為：『履和』。

一二五　山西祁縣喬家大院某院正房

喬家大院自初建至完成歷時二個世紀，整體格調統一，個體富有變化。圖為某院內院正房，同為二層樓，二層設外廊，一層頂挑磚出檐，與上圖一號院正房樓，既有變化而又格調統一。

一二六　山西祁縣喬家大院六號院福德祠照壁

圖為六號院前院磚雕影壁，上額刻有『福德祠』，壁心磚雕圖案繁複，雕刻精細，題材為松鶴延年，寓意吉祥。

一二七　山西祁縣喬家大院某院內旁門

圖為院內旁門，形狀如瓶，門洞邊沿飾精美磚雕，圖案為梅、蘭、竹、菊，上題磚雕匾額：『達洞』喬家大院工藝之精巧，可窺一斑。

一二八　山西祁縣喬家大院內院一角

一二九　山西祁縣喬家大院泰山石敢當

一三〇　山西平遥城區鳥瞰之一

片片屋宇圍合的院落，構成了平遥古城經緯；灰磚青瓦樸雅的灰色，形成了平遥古城的基調；質樸精緻的構造，鑄成了平遥古城的肌理。在這中國古城鎮特有的規則美、秩序美、韻律美中，也不乏個體調節的活力。整個城區寓動於靜，寓變化於規整中。

一三一　山西平遥城區鳥瞰之二

圖為古城牆圍合中的平遥城區。古城牆垛口均匀地排列著，更樓點綴其間，構成了既有韻律感而又富有變化的樂章。城牆内片片青瓦屋頂，垛垛灰色磚牆，顯得更為寧静祥和。

一三二　山西平遥城區鳥瞰之三

俯瞰平遥街區，街道上磚牆封閉高聳，門樓出挑，點綴其間。屋面整體排列井然有序又不乏變化起伏，抑揚頓挫，古城的寧静安祥油然而生。

一三三　山西平遥街道景觀

北方宅第内向佈局，使得臨街立面多為倒座，少開窗甚至不開窗，只有宅院大門朝外，各式門樓點綴於街道間，成為街道空間藝術表現的重點。圖為平遥街道景觀，空間比例適中，各宅格調統一而又宅宅不同，高低錯落，參差不齊，在靜謐、封閉、祥和中平添了幾分活力與驚喜。

一三四　山西平遥某宅風水壁

晉中南平遥傳統宅院内院正房多為平頂錮窰，按當地風水説法，宅院縱深方向應前低後高，有北為上的習俗，因此正房高度應高於鄰宅。圖中風水壁做法是經濟手段取得美觀、吉祥的捷徑。在平遥及晉中南較為多見。

一三五　山西平遥某宅内院

一三六　山西平遥西石頭坡三號門内景觀

山西有些地區大門居中，透過半掩的大門向内望去，垂花門映入眼簾，體態輕盈，形態飛懸，透過垂花門，内院正房前檐若隱若現，進院落層次漸進，引人入勝。

一三七　山西平遥某宅窰上房

圖為平遥某宅二層樓院。前檐欄杆及門窗已經現代改建，但仍可看到『窰上房』這種特殊的構築形式。晉中地區常在錮窰上再建一層木構架房屋或再建一屋錮窰，俗稱『窰上房』或『窰上窰』，這種做法多見於内院正房。

一三八　山西平遥某宅内院一角

圖為『窰上房』檐廊特寫。

一三九　山西平遥某宅局部

圖為平遥某宅鉅窑前局部檐，設有檐廊。晉中地區採用磚築窑洞方式並作主要房屋使用，并非出於經濟考慮。錮窑還有冬暖夏涼，堅固防盗等的優點，從陳舊的建築中，依然可見門窗花格雕飾繁複精細和柱礎、柱身之考究，當年之精緻可窺一斑。

一四〇　山西平遥某宅檐下局部

一四一　山西平遥某宅檐下局部

一四二　山西平遥某宅大門·方形門鼓石

圖為平遥某宅大門門鼓子，為幞頭鼓子，形象古拙，雕工精煉。

一四三　山西平遥某宅正房錮窰窰臉

晉中南地區內院正房常砌磚錮窰，錮窰窰臉自然是裝飾重點。圖中窰臉門窗分格繁複，雕飾精緻，在素雅的磚牆陪襯下，更為質樸秀雅，風致盎然。

一四四　山西平遥某宅室內佛龕

一四五　山西平遥某宅格門裙板

一四六　山西靈石縣靜昇鎮王家大院凝瑞居大門（一）

一四七　山西靈石縣靜昇鎮王家大院凝瑞居大門（二）

一四八　山西靈石縣靜昇鎮王家大院凝瑞居正廳

一四九　山西靈石縣靜昇鎮王家大院垂花門

一五〇　山西靈石縣靜昇鎮王家大院敦厚宅門樓

一五一 山西靈石縣靜昇鎮王家大院敦厚宅正廳

一五二 山西靈石縣靜昇鎮王家大院窰房廊下雕飾

一五三 山西靈石縣靜昇鎮王家大院桂馨書院正窰房

一五四　山西靈石縣靜昇鎮王家大院蘭芳居月洞門

一五五　山西靈石縣靜昇鎮王家大院某院正房柱礎

一五六　山西襄汾丁村十四號院

丁村民居自明末至清末，由東北向西南方向發展，現存明清宅院共四十餘座，大體可分為三大部分，俗稱北院、中院、南院，分別以明末，清早、中期，清末建築為主。圖中丁村十四號院為中院宅院之一，為二進四合院，庭院窄長。

一五七　山西襄汾丁村民居十一號院入口牌坊

該宅院建於乾隆十年（公元一七四五年）。設二進院落。沿軸線自南至北依次設影壁、倒座（明間開大門）、前院、中廳、後院、後樓，正房皆為五間，廂房三間。雍正、乾隆年間，家族人口日盛，與其間所建五、六組院落組成一户大宅，五世同堂。圖為在其街巷總入口，建有牌坊一座，形象飛懸，雕飾繁複，紋飾細膩，成為家族標誌。

一五八　山西襄汾丁村某宅大門

圖為某宅大門特寫，丁村民居明、清兩代院門形制及裝飾變化較大，明代院門樸素居多，華麗者僅飾以簡明圖案，而清代門樓高大華麗，裝飾繁複。圖中大門為清代院門。

一五九　山西襄汾丁村某宅大門門飾

圖為該門門板裝飾特寫。厚重門板包以鐵皮，板面鑲釘大小乳頭蓋，多者可達二百二十枚，小釘三千五百枚，並組成各式圖案。門板中央鑲以鐵頁裁成的圖飾，如福、祿、壽博古圖，萬字紋等。

一六〇　山西襄汾丁村某宅大門局部

圖為該門門樓柱礎與門鼓石特寫。柱礎採用平鼓加六角須彌座，各角雕出小石獅子，形態生動，各角下對應設石柱鼎腳；門鼓石為幞頭鼓子，上有蹲獅，中為花鳥圖案，下為犀牛望月，浮雕透雕多種技法並用，精巧細膩，足見石刻藝術之精湛。

一六一　山西襄汾丁村某宅大門

該宅大門造型古樸，用材較細，似為明代大門。

一六二　山西襄汾丁村某宅檐下細部

丁村民居建築的木雕技藝曾達到相當高的水平。明末粗獷簡樸，刻工流暢，概括力強；清早、中期繁複細膩，層次分明，立體感突出；清末不及前二期，顯得呆板而無生氣。

一六三　山西襄汾丁村某宅欄板木雕細部

一六四　山西襄汾丁村某宅外觀

丁村民居明末建築為一進四合院，清代為二進院，中間過廳建得很高。習俗要求後院正房須超過中廳，於是，清代宅院設二、三層後樓，樓前檐開窗，後檐封閉或少開窗。圖為某宅後樓後檐外觀。

一六五　山西新絳縣家氏院

該院始建於清道光七年（公元一八二七年），後屢有增建，格調統一。家氏院分三個大院，七個小院，各自獨立而又相互貫通，每個大院均有各自的入口大門，大門均位於各院西南角，一反『坎宅巽門』的慣用做法，因用途不同各院大門做法各異。臨街面前凸後退，高低錯落，質樸封閉中，洋溢著幾分北方漢族宅第少有的變化與活力。

一六六　山西新絳縣家氏院東院大門

家氏院東院佈局頗為奇特，東院大門內是一狹長走廊連接的前後兩院。圖為自大門內望，前方右側大門即為前院入口，正對門房為後院入口，利用後院西廂房一間作門房；廊內空間狹長、封閉，空間豐富，所有院門做工考究，風雅秀美。

一六七　山西新絳縣某宅拴馬樁

一般大户人家大門前設有拴馬樁、上馬石，拴馬樁頂端往往雕有動物，常見的雕刻題材有獅子、猴子等。據説，猴子能降馬，所以用它裝飾拴馬樁最合適。

一六八　山西芮城某宅內院

圖為山西芮院某宅內院，屬典型的晉狹窄院。院落窄長，東西廂房採用單坡內向屋頂，出檐較深，廂房平面佈局採用『三破一』形式。

一六九　山西芮城某宅外檐裝修

一七〇　山西芮城范宅倒座木門透雕

山西芮城縣北曹莊村范宅，建於清道光年間，設形制相同的東西兩院，均有前後兩進院落，院落狹長，屬典型的晉南窄院。圖為其倒座木門格心透雕圖案，用材考究，做工精細，構圖完美，是格心木雕的藝術精品。

一七一　山西霍縣許村朱宅外檐裝飾

中國宅第建築俗有『南徽北晉』之説。晉中南民居在北方民居中確有不少上乘之作，建築裝飾繁複精美。圖中朱宅外檐几乎處處施雕飾，雀替及花罩雕刻精細繁複，門窗欞格圖案各異，格調統一。

一七二　山西霍縣某宅檐廊

晉中南地區盛行在檐廊額枋下設花罩的特殊做法，花罩以實木雕刻，圖案繁縟精細，既見精緻華麗，又現市井鄙俗之氣。

一七三　山西霍縣某宅檐廊

合院內宅屋多出檐廊，構成亦內亦外的過渡空間，形成環繞內院統一連續的內向空間。圖中檐廊內孩童嬉戲，穀物高懸，華麗精巧的木雕，質朴的磚牆，洋溢著寧靜純樸，歡快祥和的農居生活氛圍。

一七四　山西某宅內院一角

一七五　山西某宅內院一角

一七六　山西平陸西侯村天井窰

圖為山西平陸西侯村天井窰院局部，祇在洞口邊緣及崖頂做簡單處理，黃土運用到了極致，堪稱生土建築文化的極端佐証。

一七七　山西平陸某天井窰窰院一角

一七八　陝西韓城黨家村鳥瞰

韓城黨家村位於黃土塬下，南臨泌水，避寒納陽，自然條件優越，主要形成於明清年間三次大規模建設，是目前保存完好的少有的明清聚落之一。圖為黨家村鳥瞰，片片灰色屋頂鱗次櫛比，秩序井然，具有強烈的韻律美與秩序美；遠處塔閣聳立，偶有小樓突起，村落輪廓線變化豐富，屋宇錯落有致。

一七九　陝西韓城黨家村某宅內院

晉陝地區內院狹長，空間特徵顯著。關中、晉南一帶多為磚木結構，常用加閣樓的一層半高或兩層高的樓房，內院面寬僅佔一間多，空間更顯狹長。圖中的黨家村某宅內院即為此類窄院，正廂房均為帶閣樓一層半高。前樓門窗雕飾繁複細膩，宅院氛圍親切宜人，廂房平面為典型的『三破二』形式。

一八〇　陝西韓城黨家村某宅內院

圖為黨家村某宅內院，正房為二層，外觀相對封閉，入口門罩形象突出，廂房多達五間，內院面寬僅一間多，內院狹長、偪促。

一八一　陝西韓城黨家村某宅拴馬圈

一只鑲嵌在牆上的小小的普通拴馬圈，竟被賦予精美的雕飾，而成為一件實用的裝飾品，這充分說明了中國建築從整體到細部，在實用功能與藝術裝飾上有著高度的統一。

一八二　陝西米脂窰洞群

晉、陝、豫、冀、隴、寧夏等地黄土地區，人們巧妙地利用黄土特性，因地制宜，分別建造靠崖窰、天井窰、覆土窰。圖為陝西米脂沿著溝壑修建的覆土窰、靠崖窰窰洞群落，依山就勢，沿等高線呈摺線分佈，形成層層後退的階梯佈局，融於自然，宛如天成，天然雄渾，韻律感極強。

一八三　陝西米脂窰洞院落

圖為陝西米脂的覆土窰院落，檐口上部砌女兒花牆，用磚層層挑出檐口，窰身用塊石分格，門窗櫺格構圖精美，做工細膩，於整體純樸中見精緻。

一八四　陝西米脂某窰洞內景

窰洞洞口是洞內出入、採光、通風的唯一通道，也是立面的重點處理部位。陝北地區多採用滿槿的大門窗，櫺格構成精緻秀美。自洞內外望，不失為一幅精美的圖畫。

一八五　陝西某窰洞窗格心

格心採用三種不同圖案構成，簡繁得體，中心突出，格調統一。

一八六　陝北延安窰洞院落

圖為陝北延安窰洞院落，為磚土覆土窰，檐口出挑，窰臉為生土抹面，樹木蔥鬱，生機盎然。

一八七　陝北延安窰洞院落

圖為陝北延安窰洞院落，檐口挑出三層菱角磚，女兒牆用磚砌花牆，形成優美純樸的檐線。

一八八　陝西米脂姜園鳥瞰

陝西米脂劉家峁姜耀祖莊園是窰屋混構建築組群典型實例。姜園始建於清末，這組莊園修建在陡峭的坡頂上，由靠崖窰、覆土窰與木構架房屋混構而成，層層迭落組成主庭、中庭和管家院上、中、下三層窰院，外圍築以高牆，設碉堡、角樓，形成氣勢壯觀的城堡。整個莊園主軸線明確而又順應地勢，高低錯落，路徑曲摺，抑揚收放，融於自然，宛如天成。

一八九　陝西米脂姜園大門内景

姜園的中庭空間構成獨具匠心；大門正對的是月洞門，可視作一個開了月洞的照壁；自門内望去，層次分明，透過月洞門，人們看到的是通向上院的階梯，極具導向性。這個特殊的照壁，漏透與遮蔽處理得恰到好處。

一九〇　陝西米脂姜園主庭

圖為莊園主庭即上層窯院。正、廂房均為錮窯，依山就勢，融於自然，而又優於自然。

一九一　陝西米脂姜園錮窰窰臉

一九二　陝西米脂姜園中庭大門

姜園中庭大門三間門房居中，形象突出，倒座房為簡易雙緩坡石板頂、土砵牆，門房遠高出倒座房，為青磚牆灰瓦頂，廣亮大門，門內正對月洞門。

一九三　河南三門峽市張灣鄉天井窰群

『上山不見山，入村不見村』。沒有山崖溝壁可資利用的平坦地帶，無法直接挖掘靠崖窰，只能先掘出四壁閉合的下沉天井院，然後四壁掘窰。天井窰院沉於地下，最大限度地與黃土高原融為一體，對保持自然生態環境風貌極為有利。圖為河南三門峽市張灣鄉天井窰群，整個村落融於大地與樹木間，星羅棋佈，虛實相間。

一九四　河南三門峽市張灣鄉某下沉窰院入口梯道

該梯道為折線型梯道。

一九五　河南三門峽市張灣鄉某下沉窰院入口梯道

該梯道為曲線型梯道。

一九六　河南三門峽市張灣鄉天井窰院

圖中天井院及入口梯道檐口以青磚灰瓦封檐，下沉天井院樹木長出地面，融合自然，生機盎然。

一九七　河南三門峽市張灣鄉天井窰院

為防止下沉窰院窰洞滲水，窰頂部位一般不種植物，多碾平壓光作為場院。為此天井窰的占地較大，這也是節約用地，改善生態環境所面臨的新課題。

一九八　河南三門峽市張灣鄉某窰洞內景

窰洞橫斷面有不同形式，大致可分為拋物拱、半圓拱、雙心拱、三心拱等。圖為河南三門峽市張灣鄉某窰洞內景。

一九九　河南三門峽市張灣鄉某天井窰院窰臉

圖為尖拱型橫斷面窰洞，窰臉邊緣採用磚砌尖拱。

二〇〇　河南鞏縣某靠崖窰院

二〇一　河南鞏縣康百萬莊園某院內院門

康百萬莊園依山順勢，窰屋混構，整體規模宏大，氣勢森嚴。內部宅院處理卻在整體質樸的格調中，透出歡快宜人，生機盎然的家居氛圍。圖為綠蔭籠罩下的內院院門。

二〇二　河南鞏縣康百萬莊園局部鳥瞰

河南鞏縣康店村康百萬莊園，始建於清初，歷經八十餘年續建，形成了包括靠山崖窰七十孔和木構房屋二百五十間的龐大窰屋混構組群。莊園位於邙山嶺下，面對伊洛河，隨山順勢佈置五個院落，沿階地土崖以磚石砌出帶雉堞圍牆，設涵洞式寨門，是典型古城堡式莊園。圖為莊園局部鳥瞰。

中國美術分類全集

中國建築藝術全集

第20卷 宅第建築（一）（北方漢族）

图书在版编目（CIP）数据

中國建築藝術全集（20）宅第建築（一）（北方漢族）/侯幼彬編著. —北京：中國建築工業出版社，1999

（中國美術分類全集）

ISBN 7-112-03803-0

I. 中… II. 侯… III. 住宅－建築藝術－中國－圖集 IV.TU-881.2

中國版本圖書館CIP數据核字（1999）第01018號

中國建築藝術全集編輯委員會 編

本卷主編 侯幼彬

出版者 中國建築工業出版社（北京百萬莊）

責任編輯 張建

總體設計 雲鶴

本卷設計 吴滌生 程勤 王晨 陳穎

印製總監 楊一貴

製版者 北京利豐雅高長城製版中心

印刷者 利豐雅高印刷（深圳）有限公司

發行者 中國建築工業出版社

一九九九年五月 第一版 第一次印刷

書號 ISBN7-112-03803-0/TU·2945(9051)

（京）新登字〇三五號

國内版定價三五〇圓